高等职业教育 iPraclass 新形态教材

U0267838

职业基础数学（下）

主　编　李毳毳　王宝芹　范晓辉
副主编　徐惠莲　杨海波　张　智

北京理工大学出版社
BEIJING INSTITUTE OF TECHNOLOGY PRESS

内 容 简 介

本书根据高等职业教育的教育理念，以职业能力为主线构建课程体系，突出职业教育的特点，由实际案例引入教学内容，激发学生学习兴趣，注重对学生数学素养、职业能力和应用能力的培养．特别在每个模块里编写了用数学软件MATLAB解决数学问题的内容，以突破高职院校学生数学计算困难的瓶颈．

全书分为上、下两册，共十个模块，上册内容包括：极限与连续、导数与微分、导数的应用、一元函数积分学及多元函数微积分学；下册内容包括：常微分方程、线性代数、概率论与数理统计、线性规划、数学建模概述．在每一模块中均编有应用与实践内容，其中包括高等数学在物理、机械、经济、电工电子、信息技术等方面的应用和数学软件MATLAB的使用．每节配有习题，并将习题答案附于书后．本书可供高职院校工科类和经济管理类专业的学生作为教材或学习参考书使用．

图书在版编目（CIP）数据

职业基础数学．下／李磊磊，王宝芹，范晓辉主编．—北京：北京理工大学出版社，2020.1

ISBN 978－7－5682－8065－5

Ⅰ．①职…　Ⅱ．①李…　②王…　③范…　Ⅲ．①高等数学－高等职业教育－教材　Ⅳ．①O13

中国版本图书馆 CIP 数据核字（2020）第 002781 号

出版发行 / 北京理工大学出版社有限责任公司	
社　　址 / 北京市海淀区中关村南大街 5 号	
邮　　编 / 100081	
电　　话 / （010）68914775（总编室）	
（010）82562903（教材售后服务热线）	
（010）68948351（其他图书服务热线）	
网　　址 / http://www.bitpress.com.cn	
经　　销 / 全国各地新华书店	
印　　刷 / 涿州市新华印刷有限公司	
开　　本 / 787 毫米×1092 毫米　1/16	
印　　张 / 10.5	责任编辑 / 江　立
字　　数 / 250 千字	文案编辑 / 江　立
版　　次 / 2020 年 1 月第 1 版　2020 年 1 月第 1 次印刷	责任校对 / 周瑞红
定　　价 / 29.80 元	责任印制 / 施胜娟

前　言

高等数学作为一门重要的基础课程,除了具有基础工具的作用之外,还具有对学生进行思维训练和能力培养等素质教育的功能.随着高职教学改革的深入,课程建设也取得了丰硕的成果.高等数学课程被评选为学院精品课程和吉林省高等学校优秀课程,教材建设成功立项为学院"十三五"综合教学改革项目.为教材的编写提供了良好的契机.

为了适应高职教育人才培养目标的要求,满足各专业学生学习的需要,编者进行了多方面的专业需求调研,结合学院人才培养方案对本课程的要求,本着"实用、必需、够用"的原则,将多年来从事高职高专数学教学的经验汇集整理,编写了本套教材.

本书在教学内容的选取上,站在企业用人的角度.紧密联系专业知识,强化数学知识的应用性,旨在培养学生的职业能力和可持续发展能力,提高学生运用数学知识分析和解决实际问题的能力,突出了基础和专业的深度融合.

本套教材在编写思想、体例设计和内容安排上的特点如下:

(1)站在企业用人的角度,针对高职学生的特点及学生面对的职业岗位群,以日常生活和生产实践的典型案例为切入点,按照"实践引例—理论教学—应用实践"的思路编写,实现了从感性认识上升到理性认识、再从理性认识回到实践的飞跃,真正激发学生的学习兴趣.使学生充分感受到数学的应用价值,为后续的专业学习打下良好的基础.

(2)分模块、分层次编排.可供理工类和经管类专业教师根据学生的实际需要,选取若干模块组织教学.突出了教材的实用性、科学性、针对性,在保证科学性的基础上注意讲清概念,减少理论证明.注重学生基本运算能力、分析问题及解决问题能力的培养.

(3)每个模块中都有"应用与实践"一节,将具有明显的应用背景或者较强趣味性、探索性的数学知识融入其中.在每个模块中,介绍数学软件 MALAB 的算法和语句,建立数学模型、设计解法,使学生真正体会到数学的奥妙和数学的实用性和趣味性,达到培养学生综合素质的目的.

(4)为使学生能对数学知识进行有序的梳理,每个模块前有学习目标,然后有小结,而且还配备了相应的习题,旨在使学生先了解知识脉络,然后通过习题检查学习效果,总结方法和规律.

(5)增加了数学建模的内容,让学生了解数学建模的思想方法,注重培养学生的数学技能及应用能力.

(6)每个模块后增编了阅读材料.介绍相关的数学知识概况及数学家的故事.把数学文化

融入教学，促进科学素质和人文素质的有机融合，培养学生的数学素养和思想文化素养.

本套教材由上册（模块一～五）和下册（模块六～十）组成.上册主编徐惠莲、杨海波、张智，副主编李毳毳、王宝芹、范晓辉；下册主编李毳毳、王宝芹、范晓辉，副主编徐惠莲、杨海波、张智.各模块编写人员有：徐惠莲（模块一、三、五）；张智（模块二）；杨海波（模块四、六）；王宝芹（模块六、七）；范晓辉（模块三、八）；李毳毳（模块九、十）；齐艳春、温艳红参加了上册各模块的习题、复习题答案核实校对及附表部分查找、整理工作；魏星、赵子明参加了下册各模块的习题、复习题答案的核实校对及附表部分查找整理工作.本套教材由职业基础部梁英武部长主审、徐惠莲统稿.高等数学教研室全体教师精诚团结、群策群力，高质量地完成了这套教材.

在本书编写中我们借鉴了国内许多专家学者的观点、专著及网站资料，同时得到了长春职业技术学院教学院长王军、教务处长李明革的精心指导和大力支持，在此一并表示衷心的感谢！

编者意在奉献给学生一本适用并具有特色的教材，但由于水平有限.难免有错误和不妥之处，恳请广大同仁及学生给予批评指正.

目　　录

模块六　常微分方程

【学习目标】

☆ 理解微分方程的基本概念.

☆ 掌握可分离变量的微分方程、齐次微分方程、一阶线性微分方程和可降阶的高阶微分方程的解法.了解二阶线性齐次(非齐次)微分方程的解的结构.

☆ 掌握应用微分方程解决具体问题的步骤,会用 MATLAB 解微分方程.

在广泛的科学领域内,人们在探求物质世界运动规律的过程中,经常依据问题提供的条件寻找出变量间的函数关系,然而在许多实际问题中,往往不能直接找出所研究的函数关系,但有时却可以列出含有自变量、未知函数及其导数或微分的关系式,这种关系式就是我们所要研究的微分方程.微分方程有着深刻而生动的实际背景,是现代科学技术中分析问题和解决问题的一个强有力的工具.

【引例】土地沙化问题

建设绿地、防止沙漠化的环保意识已成为人们的共识.现已查明,有一块土地有一部分正在沙化.并且沙化的数量正在增加,其增加的速度与剩下的绿地数量成正比.由统计得知,每年沙化土地的增长率是绿地的 $\frac{1}{10}$.现有土地 10 万亩,试确定沙化土地与时间的函数关系.如果 x 为时刻 t 的沙化土地数量,则沙化土地的增长率为 $\frac{\mathrm{d}x}{\mathrm{d}t}$,绿地的数量为 $10-x$,由此得到 $\frac{\mathrm{d}x}{\mathrm{d}t}=\frac{1}{10}(10-x)$.这个方程就是微分方程,要得到函数关系就得通过微分方程来求解.本模块主要介绍微分方程的概念及几种常见类型微分方程的解法和简单应用.

第一节　微分方程的基本概念

一、微分方程实例

我们先通过几个实例来说明微分方程的基本概念.

例 1　一条曲线经过点 $(1,2)$,且在该曲线上任意点 $M(x,y)$ 处的切线斜率为 $2x$,求该曲线方程.

解　设所求的曲线方程为 $y=f(x)$,由导数的几何意义,有关系式

$$F'(x)=2x,\text{即}\frac{\mathrm{d}y}{\mathrm{d}x}=2x. \tag{1}$$

于是得到积分曲线族为

$$y=\int 2x\mathrm{d}x=x^2+C, \tag{2}$$

又因为曲线过 $(1,2)$ 点,所以将 $(1,2)$ 点代入上式,得

$$2 = 1^2 + C.$$

从而 $C=1$，所以所求曲线方程是

$$y = x^2 + 1. \tag{3}$$

当 C 取任意值时，不难做出（2）式的图形（图6—1）.

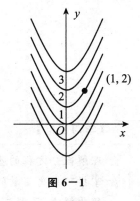

图6—1

例2 一物体由静止开始从高处自由下落，已知物体下落时的重力加速度是 g，求物体下落的位置与时间之间的函数关系.

解 由题意，取物体开始下落处为坐标原点，s 轴垂直向下（如图6—2所示），因为加速度是位置函数 $s(t)$ 对时间 t 的二阶导数，根据题意得到 $s(t)$ 与时间 t 之间的关系所满足的方程为

$$\frac{\mathrm{d}^2 s}{\mathrm{d}t^2} = g, \tag{4}$$

且 $s(t)$ 还应满足

$$s(0) = 0, s'(0) = 0. \tag{5}$$

对上式两边积分一次得到

$$\frac{\mathrm{d}s}{\mathrm{d}t} = gt + c_1, \tag{6}$$

再积分一次，得到

$$s = \frac{1}{2}gt^2 + c_1 t + c_2, \tag{7}$$

图6—2

其中 c_1, c_2 是任意常数. 将条件（5）式代入（6）式和（7）式，得到 $c_1 = 0$，$c_2 = 0$，因此自由下落距离 s 与时间 t 的关系为

$$s = \frac{1}{2}gt^2.$$

上面两个实例，虽然实际意义不相同，但是解决问题的方法都是归结为先建立一个含有未知数的导数（或微分）的关系式，然后通过此关系式，求出满足所给附加条件的未知函数.（1）式和（4）式都含有未知函数的导数（或微分），这种方程就称为微分方程. 下面我们给出微分方程的一些基本概念.

二、微分方程的概念

定义1 含有未知函数的导数或微分的方程叫做**微分方程**.

未知函数是一元函数的微分方程叫做**常微分方程**，未知函数是多元函数的微分方程叫做**偏微分方程**. 如前面实例1中的（1）式和实例中（4）式都是常微分方程. 本模块我们只介绍常微分方程的一些初步知识及简单应用，有时就简称为微分方程（或方程）.

在一个微分方程中，未知函数的导数的最高阶数，叫做**微分方程的阶**.

例如，$\dfrac{\mathrm{d}y}{\mathrm{d}x} = 2x$，$y' = 2x + 1$ 是一阶微分方程，$y'' + 2y' + y = 0$ 是二阶微分方程.

二阶或二阶以上的微分方程称为**高阶微分方程**.

定义2 如果把某个函数代入微分方程中，能使该微分方程成为恒等式，那么称这个函数为该**微分方程的解**. 求微分方程解的过程叫做**解微分方程**.

例如，例1中的 $y = \displaystyle\int 2x\,\mathrm{d}x = x^2 + C$ 和 $y = x^2 + 1$ 都是微分方程 $\dfrac{\mathrm{d}y}{\mathrm{d}x} = 2x$ 的解；例2中

$s=\dfrac{1}{2}gt^2+c_1t+c_2$ 和 $s=\dfrac{1}{2}gt^2$ 都是 $\dfrac{\mathrm{d}^2s}{\mathrm{d}t^2}=g$ 的解.

从上述例子可以看出，微分方程的解中可以含有任意常数，如果微分方程的解中所含有相互独立的任意常数的个数与微分方程的阶数相等，则称这样的解为微分方程的**通解**.这里所说的任意常数相互独立是指不能通过合并而减少常数的个数.

例如，例 1 中的 $y=\displaystyle\int 2x\mathrm{d}x=x^2+C$ 是 $\dfrac{\mathrm{d}y}{\mathrm{d}x}=2x$ 的通解，例 2 中的 $s=\dfrac{1}{2}gt^2+c_1t+c_2$ 是 $\dfrac{\mathrm{d}^2s}{\mathrm{d}t^2}=g$ 的通解.

如果给方程通解中的所有任意常数一确定的值就得到微分方程的特解，即不含任意常数的解叫做微分方程的**特解**.

例如，例 1 中的 $y=x^2+1$ 是 $\dfrac{\mathrm{d}y}{\mathrm{d}x}=2x$ 的一个特解，例 2 中的 $s=\dfrac{1}{2}gt^2$ 是 $\dfrac{\mathrm{d}^2s}{\mathrm{d}t^2}=g$ 的一个特解.

用于确定通解中任意常数的条件，称为**初始条件**.初始条件的个数与微分方程的阶数相同.

例如，例 1 中的 $2=1^2+C$ 就是初始条件，例 2 中的 $s(0)=0,s'(0)=0$ 是初始条件.

求微分方程满足初始条件的解问题称为**初值问题**.

微分方程解的图形称为此方程的**积分曲线**.由于通解中含有任意常数，所以微分方程的通解的图像是具有某种共同性质的一族曲线，称为微分方程的**积分曲线族**.其特解的图形是根据初始条件而确定的积分曲线族中的某一条**特定的积分曲线**.

例 3　试写出下列各微分方程的阶.

(1) $\left(\dfrac{\mathrm{d}y}{\mathrm{d}x}\right)^2-xy=0$；(2) $(3x-4y)\mathrm{d}y+(2x-3y)\mathrm{d}y=0$；

(3) $y''+2y'+y=0$；(4) $y^{(4)}+y^6+x^8=0$.

解　(1)一阶微分方程；(2)一阶微分方程；

(3)二阶微分方程；(4)四阶微分方程.

例 4　验证 $y=C_1\cos 2x+C_2\sin 2x$ 是微分方程 $y''+4y=0$ 的通解，并求满足初始条件 $y\big|_{x=0}=1,y'\big|_{x=0}=-1$ 的特解.

解　因为　$y=C_1\cos 2x+C_2\sin 2x$，所以
$$y'=-2C_1\sin 2x+2C_2\cos 2x,$$
$$y''=-4C_1\cos 2x-4C_2\sin 2x.$$

将上面各式代入原方程 $y''+4y=0$ 的左端，得
$$-4C_1\cos 2x-4C_2\sin 2x+4C_1\cos 2x+4C_2\sin 2x=0.$$

故已给函数满足方程 $y''+4y=0$，是它的解.由于有两个任意常数 C_1,C_2，因此这个解又是微分方程的通解.

将初始条件代入上面两式中，求得
$$C_1=1,C_2=-\dfrac{1}{2}.$$

所以 $y''+4y=0$ 满足初始条件的特解是
$$y=\cos 2x-\dfrac{1}{2}\sin 2x.$$

习题 6—1

1. 指出下列各微分方程的阶数.

(1) $y'' - 3y' + 2y = x^2$；

(2) $x^2 \mathrm{d}y + y^2 \mathrm{d}x = 0$；

(3) $y''' + 2y' + y = 0$；

(4) $y^3 \dfrac{\mathrm{d}^2 y}{\mathrm{d}x} + y^4 = 0$；

(5) $x^2 y'' - xy' + y = 0$；

(6) $y'' y' + x^3 y' + y = 0$；

(7) $y^{(5)} + \sin(x+y) = y' + 3y$；

(8) $(7x - 6y)\mathrm{d}x + (x+y)\mathrm{d}y = 0$.

2. 指出下列各题中的函数是否为所给微分方程的解.

(1) $xy' - y \ln y = 0, y = \mathrm{e}^x$；

(2) $y'' - 4y' + 4y = 0, y = x\mathrm{e}^{2x}$；

(3) $y'' = 6x + 2, y = x^3 + x^2$；

(4) $y'' + y = 0, y = 2\sin x + \cos x$.

3. 指出下列各题中的函数是否为所给方程的解. 若是解, 指出是通解还是特解. 其中 C_1, C_2, C_3 为任意的常数.

(1) $y'' - 2y' + y = 0, y = x^2 \mathrm{e}^x$；

(2) $(x+y)\mathrm{d}x + x\mathrm{d}y = 0, y = C^2 - x^2$；

(3) $y'' - (\lambda_1 + \lambda_2)y' + \lambda_1 \lambda_2 y = 0, y = C_1 \mathrm{e}^{\lambda_1 x} + C_2 \mathrm{e}^{\lambda_2 x}$；

(4) $y'' + 3y' + 2y = x\mathrm{e}^{-2x}, y = C_1 \mathrm{e}^{-x} + C_2 \mathrm{e}^{-2x} - \left(\dfrac{1}{2}x^2 + x\right)\mathrm{e}^{-2x}$.

4. 求微分方程 $y''' = 6x + 1$ 的通解.

5. 验证 $y = Cx + \dfrac{1}{C}$ 是微分方程 $x\left(\dfrac{\mathrm{d}y}{\mathrm{d}x}\right)^2 - y\dfrac{\mathrm{d}y}{\mathrm{d}x} + 1 = 0$ 的通解 (其中任意常数 $C \neq 0$), 并求满足初始条件 $y|_{x=0} = 2$ 的特解.

第二节　一阶微分方程

本节我们讨论一阶微分方程的几种类型及其解法.

一阶微分方程的一般形式是

$$F(x, y, y') = 0,$$

或解出 y' 的形式: $y' = f(x, y)$.

一、可分离变量的微分方程与齐次方程

1. 可分离变量的微分方程

形如

$$\frac{\mathrm{d}y}{\mathrm{d}x} = f(x)g(y)$$

的一阶微分方程, 叫做**可分离变量的微分方程**.

我们采用积分的方法来求解可分离变量微分方程, 求解步骤如下:

(1) 分离变量: 变方程为 $\dfrac{\mathrm{d}y}{g(y)} = f(x)\mathrm{d}x$　的形式 $(g(y) \neq 0)$；

(2) 两端积分：$\displaystyle\int \frac{\mathrm{d}y}{g(y)} = \int f(x)\mathrm{d}x$；

(3) 求得通解：$G(y) = F(x) + c$.

其中 $G(y)$ 和 $F(x)$ 分别为 $\dfrac{1}{g(y)}$ 和 $f(x)$ 的某一个原函数.

例 1 求微分方程 $y' = y$ 的通解.

解 分离变量得

$$\frac{\mathrm{d}y}{y} = \mathrm{d}x,$$

两端积分

$$\int \frac{\mathrm{d}y}{y} = \int \mathrm{d}x,$$

得

$$\ln|y| = x + C_1,$$

所以

$$y = \pm e^{x + C_1} = \pm e^{C_1} e^x.$$

因为 $\pm e^{C_1}$ 仍是任意常数，因此设 $C = \pm e^{C_1}$，得方程的通解为

$$y = C e^x.$$

例 2 求微分方程 $\dfrac{\mathrm{d}y}{\mathrm{d}x} = -\dfrac{x}{y}$ 的通解.

解 分离变量得 $y\mathrm{d}y = -x\mathrm{d}x$

两端积分

$$\int y\mathrm{d}y = \int -x\mathrm{d}x,$$

得

$$\frac{y^2}{2} = -\frac{x^2}{2} + C_1,$$

得方程的通解

$$x^2 + y^2 = C.$$

例 3 求微分方程 $xy\mathrm{d}x - (1 + x^2)\mathrm{d}y = 0$ 通解.

解 原方程化为

$$(1 + x^2)\mathrm{d}y = xy\mathrm{d}x,$$

分离变量得

$$\frac{1}{y}\mathrm{d}y = \frac{x}{1 + x^2}\mathrm{d}x,$$

两端积分

$$\int \frac{1}{y}\,\mathrm{d}y = \int \frac{x}{1 + x^2}\,\mathrm{d}x,$$

得

$$\ln|y| = \frac{1}{2}\ln(1 + x^2) + \ln C_1,$$

$$y = \pm C_1 \sqrt{1 + x^2}.$$

因 $\pm C_1$ 仍是任意常数，把它记作 C，便得方程的通解

$$y = C \sqrt{1 + x^2}.$$

例 4 求微分方程 $\cos x \sin y\mathrm{d}y = \cos y \sin x\mathrm{d}x$ 满足 $y\big|_{x=0} = \dfrac{\pi}{4}$ 的特解.

解 分离变量得

$$\frac{\sin y}{\cos y}\mathrm{d}y = \frac{\sin x}{\cos x}\mathrm{d}x,$$

两端积分

$$\int \frac{\sin y}{\cos y}\,\mathrm{d}y = \int \frac{\sin x}{\cos x}\,\mathrm{d}x,$$

得

$$\cos y = C\cos x.$$

将 $y\big|_{x=0}=\dfrac{\pi}{4}$ 代入上式，得 $C=\dfrac{\sqrt{2}}{2}$，于是所求的微分方程的特解为

$$\cos y = \frac{\sqrt{2}}{2}\cos x.$$

2. 齐次方程

如果一阶微分方程

$$\frac{\mathrm{d}y}{\mathrm{d}x} = f(x,y)$$

可以化成

$$\frac{\mathrm{d}y}{\mathrm{d}x} = \varphi\left(\frac{y}{x}\right)$$

的形式，则称这个方程为齐次方程.

此类方程的求解分三步进行.

第一步：将原方程化为 $\dfrac{\mathrm{d}y}{\mathrm{d}x}=\varphi\left(\dfrac{y}{x}\right)$ 的形式；

第二步：作变量替换

$$u = \frac{y}{x},$$

以 u 为新的未知函数，就可化为可分离变量的方程.

因为 $u=\dfrac{y}{x}$，即 $y=xu$，求导数得

$$\frac{\mathrm{d}y}{\mathrm{d}x} = u + x\frac{\mathrm{d}u}{\mathrm{d}x},$$

代入方程 $\dfrac{\mathrm{d}y}{\mathrm{d}x}=\varphi\left(\dfrac{y}{x}\right)$ 中得

$$x\frac{\mathrm{d}u}{\mathrm{d}x} = \varphi(u)-u,$$

分离变量得

$$\frac{\mathrm{d}u}{\varphi(u)-u} = \frac{\mathrm{d}x}{x},$$

两端积分得

$$\int \frac{\mathrm{d}u}{\varphi(u)-u} = \int \frac{\mathrm{d}x}{x}.$$

第三步：回代.求出积分后，将 u 还原成 $\dfrac{y}{x}$ 就得到所给方程的通解.

例 5 求解微分方程 $xy\dfrac{\mathrm{d}y}{\mathrm{d}x}=x^2+y^2$.

解 原方程可化为

$$\frac{\mathrm{d}y}{\mathrm{d}x} = \frac{x}{y}+\frac{y}{x},$$

因此是齐次方程.令 $u=\dfrac{y}{x}$，则

$$y = xu,\ \frac{\mathrm{d}y}{\mathrm{d}x} = u + x\frac{\mathrm{d}u}{\mathrm{d}x}.$$

于是原方程化为

$$x \frac{\mathrm{d}u}{\mathrm{d}x} + u = \frac{1}{u} + u,$$

即

$$x \frac{\mathrm{d}u}{\mathrm{d}x} = \frac{1}{u}.$$

分离变量并积分得

$$u^2 = 2\ln|x| + 2C(C \text{ 为任意常数}),$$

再用 $\frac{y}{x}$ 代替 u，便得原方程的通解为

$$y^2 = 2x^2\ln|x| + 2Cx^2(C \text{ 为任意常数}).$$

二、一阶线性微分方程

形如

$$\frac{\mathrm{d}y}{\mathrm{d}x} + P(x)y = Q(x) \tag{1}$$

的微分方程叫做**一阶线性微分方程**，其中 $P(x),Q(x)$ 都是自变量 x 的已知函数. 所谓"线性"指的是(1)式中的未知函数 y 及其导数 y' 都是一次式.

(1)当 $Q(x) \equiv 0$，(1)式变为

$$\frac{\mathrm{d}y}{\mathrm{d}x} + P(x)y = 0, \tag{2}$$

叫做**一阶线性齐次微分方程**.

方程是可分离变量的微分方程，分离变量得

$$\frac{\mathrm{d}y}{y} = -P(x)\mathrm{d}x,$$

积分得

$$\ln|y| = -\int P(x)\mathrm{d}x + C_1,$$

即

$$y = C\mathrm{e}^{-\int P(x)\,\mathrm{d}x}(C = \pm\,\mathrm{e}^{C_1}). \tag{3}$$

(3)式为一阶线性齐次微分方程(2)式的通解，其中 $p(x)$ 的积分 $\int p(x)\mathrm{d}x$ 只取一个原函数.

(2)若 $Q(x) \neq 0$，方程(1)式叫做**一阶线性非齐次微分方程**. 因为一阶线性齐次方程是一阶线性非齐次方程的特殊情况，所以可以设想把一阶线性齐次方程的通解中的常数 C 换成函数 $C(x)$，即 $y = C(x)\mathrm{e}^{-\int p(x)\mathrm{d}x}$ 作为一阶线性非齐次方程的通解.

下面就假定 $y = C(x)\mathrm{e}^{-\int p(x)\mathrm{d}x}$ 是一阶线性非齐次方程的通解，$C(x)$ 是待定函数.

把假定解代入方程得

$$\left(C(x)\mathrm{e}^{-\int P(x)\mathrm{d}x}\right)' + P(x)C(x)\mathrm{e}^{-\int P(x)\mathrm{d}x} = Q(x),$$

整理得

$$C'(x) = Q(x)\mathrm{e}^{\int P(x)\mathrm{d}x},$$

积分得

$$C(x) = \int Q(x) e^{\int P(x)dx} dx + C,$$

把 $C(x)$ 代入假定解中，即得一阶非齐次线性方程的通解

$$y = e^{-\int P(x)dx} \left(\int Q(x) e^{\int P(x)dx} dx + C \right), \tag{4}$$

(4) 式中 $p(x)$ 的积分 $\int p(x)dx$ 只取一个原函数.

该方法称为**常数变易法**. 由于该通解作为公式不易记忆，因此不背公式，根据推理过程，即利用常数变易法来求解一阶线性非齐次微分方程.

例 6 求微分方程 $y' + y = e^{-x}$ 的通解.

解 方法一 常数变易法

先求齐次方程 $y' + y = 0$ 的通解，分离变量得

$$\frac{dy}{y} = -dx,$$

两端积分得

$$\ln y = -x + C_1,$$

即

$$y = e^{-x + C_1} = e^{C_1} e^{-x} = C e^{-x}.$$

再设 $y = C(x) e^{-x}$ 为原方程的解，代入原方程得

$$(C(x) e^{-x})' + C(x) e^{-x} = e^{-x},$$

$$C'(x) e^{-x} - C(x) e^{-x} + C(x) e^{-x} = e^{-x},$$

即

$$C'(x) = 1.$$

积分得

$$C(x) = x + C,$$

故所求方程的通解为

$$y = e^{-x}(x + C).$$

方法二 直接利用公式 $y = e^{-\int P(x)dx} \left(\int Q(x) e^{\int P(x)dx} dx + C \right)$ 求解.

因为 $P(x) = 1, Q(x) = e^{-x}$，所以通解为

$$y = e^{-\int dx} \left(\int e^{-x} e^{\int dx} dx + C \right)$$

$$= e^{-x} \left(\int e^{-x} e^{x} dx + C \right)$$

$$= e^{-x}(x + C).$$

例 7 求微分方程 $\dfrac{dy}{dx} - y\cot x = 2x\sin x$ 的通解.

解 方法一 常数变易法

先求齐次方程 $\dfrac{dy}{dx} - y\cot x = 0$ 的通解，分离变量得

$$\frac{dy}{y} = \cot x dx,$$

两端积分得

$$\int \frac{dy}{y} = \int \cot x dx,$$

$$\ln y = \ln \sin x + \ln C,$$

即
$$y = C\sin x.$$

再设 $y = C(x)\sin x$ 为原方程的解,

代入原方程得
$$C'(x)\sin x + C(x)\cos x - C(x)\cos x = 2x\sin x,$$

整理得
$$C'(x) = 2x, \text{即 } C(x) = x^2 + C,$$

故所求方程的通解为
$$y = (x^2 + C)\sin x.$$

方法二 直接利用公式 $y = \mathrm{e}^{-\int P(x)\mathrm{d}x}\left(\int Q(x)\mathrm{e}^{\int P(x)\mathrm{d}x}\mathrm{d}x + C\right)$ 求解.

将已知
$$p(x) = -\cot x, Q(x) = 2x\sin x,$$

代入公式得
$$y = \left(\int 2x\sin x\mathrm{e}^{-\int \cot x\mathrm{d}x}\,\mathrm{d}x + C\right)\mathrm{e}^{\int \cot x\mathrm{d}x}$$

$$= \left(\int 2x\sin x\mathrm{e}^{-\ln \sin x}\,\mathrm{d}x + C\right)\mathrm{e}^{\ln \sin x}$$

$$= \left(\int 2x\sin x\frac{1}{\sin x}\,\mathrm{d}x + C\right)\sin x$$

$$= (x^2 + C)\sin x.$$

例 8 求一曲线方程,此曲线通过原点,并且它在点 (x,y) 处的切线斜率等于 $2x - y$.

解 根据导数的几何意义,有
$$y' = 2x - y, \text{且 } y\big|_{x=0} = 0.$$

此方程为一阶线性非齐次方程,因 $P(x) = 1, Q(x) = 2x$,所以通解为

$$y = \mathrm{e}^{-\int \mathrm{d}x}\left(\int 2x\mathrm{e}^{\int \mathrm{d}x}\mathrm{d}x + C\right) = \mathrm{e}^{-x}\left(2\int x\mathrm{e}^x\mathrm{d}x + C\right)$$

$$= \mathrm{e}^{-x}\left(2\int x\mathrm{d}\mathrm{e}^x + C\right) = \mathrm{e}^{-x}\left(2x\mathrm{e}^x - 2\int \mathrm{e}^x\,\mathrm{d}x + C\right)$$

$$= \mathrm{e}^{-x}(2x\mathrm{e}^x - 2\mathrm{e}^x + C) = 2x - 2 + C\mathrm{e}^{-x}.$$

将初始条件 $y\big|_{x=0} = 0$ 代入上式,得
$$C = 2.$$

所以所求曲线方程为
$$y = 2x - 2 + 2\mathrm{e}^{-x}.$$

习题 6—2

1. 求下列微分方程的通解.

(1) $xy' - y\ln y = 0$;

(2) $\sqrt{1-x^2}\,\mathrm{d}y + \sqrt{1-y^2}\,\mathrm{d}x = 0$;

(3) $\dfrac{\mathrm{d}y}{\mathrm{d}x} = 10^{x+y}$;

(4) $(x^2 + y^2)\mathrm{d}x - xy\mathrm{d}y = 0$;

(5) $x\dfrac{\mathrm{d}y}{\mathrm{d}x} = y\ln\dfrac{y}{x}$;

(6) $y' + y = \mathrm{e}^x$;

(7) $y' + \dfrac{1}{x}y = x + 3$;

(8) $y' + y\tan x = \sin 2x$.

2. 求下列微分方程满足初始条件的特解.

(1) $y'\sin x - y\ln y = 0, y\big|_{x=\frac{\pi}{2}} = e$；

(2) $y' = e^{2x-y}, y\big|_{x=0} = 0$；

(3) $y' - y\tan x = \sec x, y\big|_{x=0} = 0$；

(4) $y' - \dfrac{1}{1-x^2}y = 1+x, y\big|_{x=0} = 1$.

3. 求下列一阶微分方程的通解.

(1) $\dfrac{\mathrm{d}y}{\mathrm{d}x} + y = e^{-x}$；

(2) $xy' + y = x^2 + 3x + 2$；

(3) $y' + y\tan x = \sin 2x$；

(4) $(x^2-1)y' + 2xy - \cos x = 0$；

(5) $y\ln y\,\mathrm{d}x + (x - \ln y)\,\mathrm{d}y = 0$；

(6) $(y^2 - 6x)\dfrac{\mathrm{d}y}{\mathrm{d}x} + 2y = 0$.

4. 一曲线通过点 $(3,10)$，其在任意点处的切线斜率等于该点横坐标的平方，求此曲线方程.

第三节　高阶微分方程

前一节介绍了求解一阶微分方程的方法，本节将介绍高阶微分方程的类型以及求解高阶微分方程的方法.

一、可降阶的高阶微分方程

类型：$y^{(n)} = f(x)$ 型.

特点：方程右端是仅含 x 的函数.

求法：将原方程两边 n 次积分即可求得通解.

例 1　求微分方程 $y'' = e^{2x}$ 的通解.

解　对原方程两端积分一次，得

$$y' = \int e^{2x}\,\mathrm{d}x = \frac{1}{2}e^{2x} + C_1.$$

再积分一次，即可得原微分方程的通解为

$$y = \int \left(\frac{1}{2}e^{2x} + C_1\right)\mathrm{d}x = \frac{1}{4}e^{2x} + C_1 x + C_2.$$

例 2　求微分方程 $y''' = x^3 + \dfrac{1}{x^3}$ 的通解.

解　对原方程两端积分一次，得

$$y'' = \int \left(x^3 + \frac{1}{x^3}\right)\mathrm{d}x = \frac{x^4}{4} - \frac{x^{-2}}{2} + C_1,$$

再积分一次，得

$$y' = \int \left(\frac{x^4}{4} - \frac{x^{-2}}{2} + C_1\right)\mathrm{d}x = \frac{x^5}{20} + \frac{x^{-1}}{2} + C_1 x + C_2,$$

再积分一次，即可得原微分方程的通解为

$$y = \int \left(\frac{x^5}{20} + \frac{x^{-1}}{2} + C_1\right)\mathrm{d}x = \frac{x^6}{120} + \frac{\ln|x|}{2} + \frac{C_1 x}{2} + C_2 x + C_3.$$

二、二阶线性微分方程的概念

二阶微分方程的一般形式为

$$F(x,y,y',y'') = 0,$$

若其最高阶导数能够解出,则得

$$y'' = f(x,y,y') = 0.$$

若上述方程中右端关于 y 和 y' 的关系是线性关系,则其可以改写为

$$y'' + p(x)y' + q(x)y = f(x), \tag{1}$$

称此微分方程为**二阶线性微分方程**.其中 $p(x)$, $q(x)$ 为系数函数,$f(x)$ 为自由项.

当 $f(x)=0$ 时,称方程(1)为**线性齐次微分方程**.当 $f(x)\neq0$ 时,方程(1)称为**线性非齐次微分方程**.

三、二阶线性齐次微分方程解的结构

设二阶线性齐次微分方程为

$$y'' + p(x)y' + q(x)y = 0. \tag{2}$$

定理 1 若函数 $y_1(x)$, $y_2(x)$ 是方程(2)的两个解,则 $y_1(x)$, $y_2(x)$ 的线性组合 $y = C_1 y_1(x) + C_2 y_2(x)$ 也是方程(2)的解,其中 C_1, C_2 是任意常数.

证 因为 $y_1(x)$, $y_2(x)$ 是方程(2)两个解,即有

$$y_1' + p(x)y_1' + q(x)y_1 = 0, y_2'' + p(x)y_2' + q(x)y_2 = 0,$$

将 $y = C_1 y_1(x) + C_2 y_2(x)$ 代入方程(2)

$$(C_1 y_1 + C_2 y_2)'' + p(x)(C_1 y_1 + C_2 y_2)' + q(x)(C_1 y_1 + C_2 y_2)$$
$$= C_1(y_1' + p(x)y_1' + q(x)y_1) + C_2(y_2'' + p(x)y_2' + q(x)y_2)$$
$$= 0,$$

所以 $y = C_1 y_1(x) + C_2 y_2(x)$ 是方程(2)的解.

上面的二阶线性齐次微分方程的解 $y = C_1 y_1(x) + C_2 y_2(x)$ 中含有两个任意常数.那么,这个解是否为通解?

答案是否定的.因为若 $y_1(x)$ 是方程(2)的解,则 $y_2(x) = C_0 y_1(x)$ 也是方程(2)的解,从而 $y = C_1 y_1(x) + C_2 y_2(x) = (C_1 + C_2 C_0)y_1(x)$ 中只有一个任意常数 $C_1 + C_2 C_0$,所以,它不可能是方程(2)的通解.

那么 $y_1(x)$, $y_2(x)$ 之间究竟应具备什么条件,才可以使 $y = C_1 y_1(x) + C_2 y_2(x)$ 为方程(2)的通解呢? 为此,引进函数组的线性相关与线性无关的概念.

定义 1 设 $y_1(x)$, $y_2(x)$, $\cdots$, $y_{n-1}(x)$, $y_n(x)$ 是定义在区间 I 上的 n 个函数,如果存在 n 个不全为零的常数

$$k_1, k_2, \cdots, k_{n-1}, k_n,$$

使得对任意 $x \in I$,有恒等式

$$k_1 y_1(x) + k_2 y_2(x) + \cdots + k_{n-1} y_{n-1}(x) + k_n y_n(x) = 0$$

成立,则称这 n 个函数在区间 I 上**线性相关**;否则称为**线性无关**.

例如,函数 $y_1 = e^x$ 和 $y_2 = e^{-x}$ 在其定义区间上线性无关,而函数 $y_1 = \sin 2x$ 和 $y_2 = 2\sin 2x$ 在其定义区间上就是线性相关的.

特别地，由函数线性相关和线性无关的定义可知，若函数组由两个函数 $y_1(x)$，$y_2(x)$ 组成，则当 $\dfrac{y_1(x)}{y_2(x)} \equiv$ 常数时，$y_1(x)$，$y_2(x)$ **线性相关**；否则**线性无关**.

例如，对函数 $y_1 = \sin 2x$，$y_2 = \sin x \cos x$. 因为 $\dfrac{y_1(x)}{y_2(x)} \equiv 2$，所以 $y_1 = \sin 2x$ 和 $y_2 = \sin x \cos x$ 线性相关.

在区间 $(-1,1)$ 上，因为 $\dfrac{x}{|x|} \equiv \begin{cases} 1, & x>0, \\ -1, & x<0 \end{cases}$ 不是常数，所以在区间 $(-1,1)$ 上 x 和 $|x|$ 线性无关.

定理 2 若函数 $y_1(x)$，$y_2(x)$ 是方程(2)的两个线性无关的解，则 $y_1(x)$，$y_2(x)$ 的线性组合 $y = C_1 y_1(x) + C_2 y_2(x)$ 是方程(2)的通解，其中 C_1，C_2 是任意常数.

例如，函数 $y_1(x) = \sin x$，$y_2(x) = \cos x$ 都是方程 $y'' + y = 0$ 的解，又 $\dfrac{y_1(x)}{y_2(x)} = \dfrac{\sin x}{\cos x} = \tan x \neq$ 常数，故 $y_1(x)$，$y_2(x)$ 是线性无关的. 所以 $y = C_1 \sin x + C_2 \cos x$ 是方程 $y'' + y = 0$ 的通解.

四、二阶线性非齐次微分方程解的结构

以下考虑二阶线性非齐次微分方程

$$y'' + p(x)y' + q(x)y = f(x) \tag{3}$$

解的结构，其中 $f(x) \neq 0$.

定理 3 若函数 $y_0(x)$ 是非齐次微分方程(3)的特解，$Y = C_1 y_1(x) + C_2 y_2(x)$ 是与方程(3)对应的线性齐次微分方程(2)的通解，则 $y = Y(x) + y_0(x)$ 是方程(3)的通解.

证 先验证 y 是方程(3)的解. 将 y 代入方程(3)的左端，有

$$(Y + y_0)'' + p(x)(Y + y_0)' + q(x)(Y + y_0)$$
$$= [Y'' + p(x)Y' + q(x)Y] + [y_0'' + p(x)y_0' + q(x)y_0].$$

由于 Y 是二阶线性齐次微分方程(2)的解，$y_0(x)$ 是非齐次微分方程(3)的解，故

$$(Y + y_0)'' + p(x)(Y + y_0)' + q(x)(Y + y_0) = 0 + f(x) = f(x).$$

即 y 是方程(3)的解.

又因为 Y 是齐次微分方程(2)的通解，Y 中含有两个独立的任意常数 C_1，C_2，所以 $y = Y(x) + y_0(x)$ 中也含有两个独立的任意常数，从而它是方程(3)的通解.

上面的定理实际上还说明了两个非齐次微分方程的解之差是对应的齐次微分方程的解. 即有下面的结论.

定理 4 若函数 $y_1(x)$，$y_2(x)$ 是非齐次微分方程(3)的两个特解，则 $y_1(x) - y_2(x)$ 是与之对应的线性齐次微分方程(2)的解.

例 3 证明 $y = C_1 x + C_2 e^x - (x^2 + x + 1)$ 是方程 $(x-1)y'' - xy' + y = (x-1)^2$ 的通解.

解 易知 $y_1(x) = x$，$y_2(x) = e^x$ 是齐次方程 $(x-1)y'' - xy' + y = 0$ 的解，且 $\dfrac{y_1(x)}{y_2(x)} = \dfrac{x}{e^x}$ 不是常数，故 $y_1(x)$，$y_2(x)$ 线性无关，于是

$$Y = C_1 x + C_2 e^x$$

是对应的齐次方程的通解.

又 $y_0 = -(x^2 + x + 1)$ 满足方程 $(x-1)y'' - xy' + y = (x-1)^2$，于是由定理可得：

$y = C_1 x + C_2 e^x - (x^2 + x + 1)$ 是方程 $(x-1)y'' - xy' + y = (x-1)^2$ 的通解.

例 4 设 $y_1 = e^x(1 + x\ln x), y_2 = xe^x(1 + \ln x), y_3 = xe^x \ln x$ 分别是二阶微分方程 $y'' - 2y' + y = \dfrac{e^x}{x}$ 的解,求该方程的通解.

解 由定理 4,$y_1 - y_3 = e^x, y_2 - y_3 = xe^x$ 是齐次方程
$$y'' - 2y' + y = 0$$
的解,又 $\dfrac{y_1 - y_3}{y_2 - y_3} = \dfrac{1}{x}$ 不是常数,所以
$$Y = C_1 e^x + C_2 xe^x$$
是对应于
$$y'' - 2y' + y = \frac{e^x}{x}$$
的齐次方程的通解,

又 y_3 是它的一个特解,从而
$$y = C_1 e^x + C_2 xe^x + xe^x \ln x$$
是它的通解.

定理 5 若方程 (3) 的自由项 $f(x)$ 为若干个函数之和,如
$$y'' + p(x)y' + q(x)y = f_1(x) + f_2(x), \tag{4}$$
$y_1(x)$ 和 $y_2(x)$ 是分别对应方程
$$y'' + p(x)y' + q(x)y = f_1(x) \text{ 和 } y'' + p(x)y' + q(x)y = f_2(x)$$
的特解,则 $y = f_1(x) + f_2(x)$ 是方程 (4) 的特解.

证 将 $y = f_1(x) + f_2(x)$ 代入方程 (4) 中验证即可. 由于
$$(y_1 + y_2)'' + p(x)(y_1 + y_2)' + q(x)(y_1 + y_2)$$
$$= [y_1'' + p(x)y_1' + q(x)y_1] + [y_2'' + p(x)y_2' + q(x)y_2]$$
$$= f_1(x) + f_2(x)$$
$$= f(x),$$
故 $y = f_1(x) + f_2(x)$ 是方程 (4) 的解.

由定理 3 可知,求线性非齐次微分方程的通解,只要先求出其对应的线性齐次微分方程的通解,然后,再求出非齐次方程的一个特解,两者之和即为线性非齐次微分方程的通解.

而定理 5 指出,当自由项复杂是,可以考虑把自由项分解称若干个简单函数的和. 通常,以这些简单函数作自由项重新构造的微分方程容易求特解,这些特解之和即为原微分方程的特解,从而使得求解的范围进一步扩大.

习题 6－3

1. 求解下列微分方程的通解.

(1) $y'' = 3x + \sin x$;

(2) $y'' = \ln x$;

(3) $y''' = xe^x$;

(4) $y'' = \cos \dfrac{x}{2} + e^{3x}$.

2. 判断下列函数组在其定义区间内哪些是线性相关的.

(1) x, x^2;

(2) e^{2x}, e^{3x};

(3) e^{-x}, e^x； (4) $\sin 2x, \sin x \cos x$；

(5) $\sin^2 x, \cos^2 x$； (6) $\ln x, x \ln x$；

(7) $e^x \sin 2x, e^{2x} \sin x$； (8) $\arcsin x; \frac{\pi}{2} - \arccos x$。

3. 验证 $y_1 = e^{x^2}$ 和 $y_2 = x e^{x^2}$ 都是方程 $y'' - 4xy' + (4x^2 - 2)y = 0$ 的解，并写出该方程的通解。

4. 验证 $y_1 = \cos \omega x$ 和 $y_2 = \sin \omega x$ 都是方程 $y'' + \omega^2 y = 0$ 的解，并写出该方程的通解。

5. 已知函数 $y_1 = e^x$ 和 $y_2 = e^{-x}$ 是方程 $y'' + py' + qy = 0$（p, q 为常数）的两个特解。

(1) 求常数 p, q；

(2) 求该方程的通解，并求满足初始条件 $y|_{x=0} = 1, y'|_{x=0} = 2$ 的特解。

※ 第四节 应用与实践六

一、微分方程的建立与应用

1. 用微分方程解决实际问题的一般过程：

(1) 建立微分方程，并根据实际问题提出相应的初始条件；

(2) 求解微分方程；

(3) 利用求得的解说明它所反映的事实。

2. 建立微分方程的常用方法：

(1) 直接法：利用有关的科学定律直接写出微分方程；

(2) 间接法：通过微元分析或数学运算确定微分方程。

3. 分类

(1) 物理问题：利用导数和积分的物理意义；

(2) 电学问题：利用电学中的原理；

(3) 力学问题：利用牛顿第二定律，力的平衡条件。

例1【土地沙化问题】

建设绿地、防止沙漠化的环保意识已成为人们的共识。现已查明，有一块土地有一部分正在沙化。并且沙化的数量正在增加，其增加的速度与剩下的绿地数量成正比。由统计得知，每年沙化土地的增长率是绿地的 $\frac{1}{10}$。现有土地10万亩，试确定沙化土地与时间的函数关系。

解 如果 $x(0 \leqslant x < 10)$ 为时刻 t 的沙化土地数量，则沙化土地的增长率为 $\frac{\mathrm{d}x}{\mathrm{d}t}$，绿地的数量为 $10 - x$，由此得到 $\frac{\mathrm{d}x}{\mathrm{d}t} = \frac{1}{10}(10 - x)$。这个方程就是可分离变量的常微分方程。

解此微分方程

$$\frac{\mathrm{d}x}{10 - x} = \frac{1}{10}\mathrm{d}t.$$

两边积分得

$$\int \frac{\mathrm{d}x}{10 - x} = \int \frac{1}{10}\,\mathrm{d}t,$$

得

$$\ln|10 - x| = -\frac{1}{10}t + C_1 \quad (C_1 \text{为任意常数}),$$

即
$$10-x=\pm e^{C_1}e^{-\frac{1}{10}t}.$$

令 $C=\pm e^{C_1}$，则　　　　$x=10-Ce^{-\frac{1}{10}t}$（C 为任意常数）.

当 $t=0$ 时，$x=0$，常数 $C=10$，因此得到沙化土地与时间的函数关系为
$$x=10-10e^{-\frac{1}{10}t}.$$

例 2　【列车制动】

列车在直线轨道上以 20 m/秒的速度行驶，制动列车获得负加速度 -0.4 m/秒²，问开始制动后要经过多长时间才能把列车刹住？在这段时间内列车行驶了多少路程？

解　记列车制动的时刻为 $t=0$，设制动后 t 秒列车行驶了 s 米.由题意知，制动后列车行驶的加速度
$$\frac{\mathrm{d}^2 s}{\mathrm{d}^2 t}=-0.4 \tag{1}$$

初始条件为当 $t=0$ 时，$s=0$，$v=\dfrac{\mathrm{d}s}{\mathrm{d}t}=20$

将（1）式两端同时对 t 积分得
$$v(t)=\frac{\mathrm{d}s}{\mathrm{d}t}=-0.4t+C_1 \tag{2}$$

将（2）式两端同时再对 t 积分得
$$s=-0.2t^2+C_1 t+C_2 \tag{3}$$

其中 C_1，C_2 都是任意常数，把条件当 $t=0$，$\dfrac{\mathrm{d}s}{\mathrm{d}t}=20$ 代入（2）式，得 $C_1=20$，

把 $t=0$ 时，$s=0$ 代入式（3），得 $C_2=0$.

于是列车制动后的运动方程为
$$s=-0.2t^2+20t \tag{4}$$

速度方程为
$$v(t)=-0.4t+20$$

因为列车刹住时速度为零，令 $v(t)=-0.4t+20=0$

解出得列车从开始制动到完全刹住的时间为 $t=50(\mathrm{s})$

再把 $t=50$ 代入式（4），得列车在制动后所行驶的路程为 $s=-0.2\times50^2+20\times50=500(\mathrm{m})$.

例 3　【RL 电路】

一个 RL 回路中有电源 5 伏，电阻 50 欧姆，电感 1 亨利，无初始电流（如图 6-3 所示）.求在任何时刻 t，电路中的电流.

解　RL 回路包含有电阻 R（欧姆），电感 L（亨利）和电源 E（伏）.电路中的电流 I（安培）应满足的基本方程是

图 6-3

$$\frac{\mathrm{d}I}{\mathrm{d}t}+\frac{R}{L}I=\frac{E}{L},$$

于是　　　　　　　　　　$$\frac{\mathrm{d}I}{\mathrm{d}t}+50I=5,$$

所以　　　　$$I=e^{-50t}\left[\int 5e^{50t}\mathrm{d}t+C\right]=e^{-50t}\left[\frac{1}{10}e^{50t}+C\right]=\frac{1}{10}+Ce^{-50t}.$$

因为 $t=0$ 时，$I=0$，代入得 $C=-\dfrac{1}{10}$，于是 $I=\dfrac{1}{10}-\dfrac{1}{10}\mathrm{e}^{-50t}$，其中 $-\dfrac{1}{10}\mathrm{e}^{-50t}$ 称为瞬时电流，

当 $t\to\infty$ 时趋于 0，$\dfrac{1}{10}$ 称为稳态电流.

例 4 【RC 电路】

一个 RC 回路中有电源 $400\cos 2t$（单位是伏），电阻 100 欧姆，电容 0.01 法拉. 电容上没有初始电量（如图 $6-4$ 所示）. 求在任何时刻 t，电路中的电流.

解 RC 回路包含电阻、电容 C（法拉）和电源（没有电感），电容上的电量 q（库仑）应满足的方程是

$$\frac{\mathrm{d}q}{\mathrm{d}t}+\frac{1}{RC}q=\frac{E}{R},$$

于是

$$\frac{\mathrm{d}q}{\mathrm{d}t}+q=4\cos 2t,$$

故

$$q=C\mathrm{e}^{-t}+\frac{8}{5}\sin 2t+\frac{4}{5}\cos 2t.$$

因为 $t=0$ 时，$q=0$，代入得 $C=-\dfrac{4}{5}$，于是

$$q=-\frac{4}{5}\mathrm{e}^{-t}+\frac{8}{5}\sin 2t+\frac{4}{5}\cos 2t,$$

所以

$$I=\frac{\mathrm{d}q}{\mathrm{d}t}=\frac{4}{5}\mathrm{e}^{-t}+\frac{16}{5}\sin 2t-\frac{8}{5}\cos 2t,$$

其中 $\dfrac{4}{5}\mathrm{e}^{-t}$ 称为瞬时电流，当 $t\to\infty$ 时趋于 0，$\dfrac{16}{5}\sin 2t-\dfrac{8}{5}\cos 2t$ 称为稳态电流.

图 $6-4$

例 5 【人口问题】

某国的人口增长与当前国内人口成正比. 若两年后人口增加一倍，三年后是 $20\,000$ 人，试估计该国最初人口.

解 设 $N=N(t)$ 为任何时刻 t 该国的人口，N_0 为最初的人口，因为

$$\frac{\mathrm{d}N}{\mathrm{d}t}=kN,$$

分离变量法解得

$$N=C\mathrm{e}^{kt}.$$

当 $t=0$ 时，$N=N_0$，解得 $N_0=C$，于是

$$N=N_0\mathrm{e}^{kt};$$

当 $t=2$ 时，$N=2N_0$，故 $2N_0=N_0\mathrm{e}^{2k}$，解得 $k=\dfrac{1}{2}\ln 2\approx 0.347$，于是

$$N=N_0\mathrm{e}^{0.347t};$$

当 $t=3$ 时，$N=20\,000$，代入得 $20\,000=N_0\mathrm{e}^{0.347\times3}=N_0\times2.832$，解得

$$N_0=7\,062.$$

所以该国最初人口为 $7\,062$ 人.

二、实践

MATLAB 软件使用

dsolve 函数求解实例

MATLAB R2008a 是 MATLAB 采用 Maple 符号计算内核的最后一个版本,我们以这个版本的 dsolve 函数为例介绍 R2008b 的 dsolve 函数的用法.该版本的 dsolve 函数的语法规则如下:

r = dsolve('ep1,ep2,...','cond1,cond2,...','v'),

r = dsolve('ep1','ep2',...,'cond1','cond2',...,'v').

r 为求解输出的结果,ep1 和 ep2 等是求解的微分方程表达式,微分方程表达式中自变量(以 t 为例)的 n 阶导数 $\dfrac{d^n f}{dt^n}$ 可以用 Dnf 来表示,类似的,$\dfrac{d^n g}{dt^n}$ 可以用 Dng 来表示.边界条件或者初值条件等一些微分方程的定解条件由 cond1,cond2 等给出.v 为方程的自变量,默认的自变量是 t.

在 R2008b 之后版本的 dsolve 函数除了支持上述两种调用格式外,还多了一个 IgnoreAnalyticConstraints 设置项,其调用格式如下:

dsolve('ep1','ep2',...,'cond1','cond2',...,'v','IgnoreAnalyticConstraints',value).

其中,IgnoreAnalyticConstraint 参数项的字面意思是"忽略分析上的约束",这是出于一些求解结果在一般性上的考虑.它有两个设置值可供选择:all 和 none.默认情况下是 all,这个时候意味着不对所求结果进行一般意义上的推广,所以解出来的解可能在最一般意义条件下会不成立,但还是会满足原始微分方程以及定解条件.而如果选择 none,dsolve 返回的解(前提是能够求得解析解)在最一般意义下也会成立,但是会增加求不出统一的解析表达式的概率.

例 6 求 $\dfrac{dx}{dt} = y, \dfrac{dy}{dt} = -x$ 的解.

解 S = dsolve('Dx = y,Dy = - x')

S =

 y:[1x1 sym]

 x:[1x1 sym]

〉〉S. x

Ans =

(C2 * i)/exp(i * t) - C1 * i * exp(i * t)

〉〉S. y

Ans =

C1 * exp(i * t) - C2/exp(i * t)

例 7 求解微分方程 $\dfrac{dy}{dt} = 1 + y^2, y(0) = 1$.本例题展示"IgnoreAnalyticConstraint"设置项的用法.

解 y = dsolve('Dy = 1 + y^ 2','y(0) = 1')

y =

Tan(pi/4 + t)

这一设置项的默认值是 all,得到的表达式并不是严格数学意义上的最一般的表达式,如果将其改为 none,将得到如下结果:

y = dsolve('Dy = 1 + y~2','y(0) = 1',...'IgnoreAnalyticConstraint','none')

y =

piecewise([C20inZ__,tan(pi/4 + t + pi * C20)])

这个结果是数学意义上严格条件下微分方程的通解.

应用与实践六 习题

1. 有一个电阻 $R = 100\ \Omega$,电感 $L = 2H$ 和电源电压 $E = 20\sin 5t(V)$ 串联组成的电路,开关 S 闭合后,电路中的电流通过,求电流 i 与时间 t 的函数关系.

2. 质量为 m 的潜水艇,从水下某处下潜,所受阻力与下潜速度成正比(比例系数 $k > 0$),并设开始下潜时($t = 0$)的速度为零,求潜水艇下潜的速度与时间的函数关系.

3. 求下列微分方程的通解.

(1) $x(y' + 1) + \sin(x + y) = 0$; (2) $y' = (x + y)^2$;

(3) $y' - y = 2xe^{2x}$; (4) $y'' - 6y' + 9y = e^{3x}$.

4. 求微分方程 $y'' - 2y' + y = 0$,满足初始条件 $y(2) = 1, y'(2) = -2$ 的特解.

小 结

一、主要内容

本章主要讲述了微分方程的概念;一阶微分方程;可降阶的高阶微分方程;二阶线性齐次(非齐次)微分方程的解的结构;微分方程的简单应用与实践.

1. 微分方程的基本概念

要理解微分方程的基本概念,诸如,微分方程的定义、阶、解、通解、初始条件;函数的线性相关性;线性微分方程解的结构;特征方程、特征根等.

2. 一阶微分方程

掌握可分离变量的微分方程、齐次微分方程、一阶线性微分方程的解法.

3. 高阶微分方程

掌握可降阶的高阶微分方程的解法;了解二阶线性微分方程解的结构.

4. 应用与实践

掌握应用微分方程解决具体问题的步骤,会用 MATLAB 解微分方程.

二、应注意的问题

1. 解微分方程的关键是分清方程的类型,依不同类型,而"对号入座",采用相应的方法.

(1)对于可分离微分方程 $\dfrac{dy}{dx} = f(x)g(x)$:先分离变量,再两边积分得通解;

(2)对于齐次方程 $\dfrac{\mathrm{d}y}{\mathrm{d}x}=f(\dfrac{y}{x})$：先作变量代换 $u=\dfrac{y}{x}$，转化为可分离变量的微分方程求解；

(3)对于一阶线性微分方程 $y'+p(x)y=Q(x)$：直接代入通解公式

$$y=\mathrm{e}^{-\int P(x)\mathrm{d}x}\left(\int Q(x)\mathrm{e}^{\int P(x)\mathrm{d}x}\mathrm{d}x+C\right)$$ 求解.

2. 可降阶的高阶微分方程 $y^{(n)}=f(x)$ 型：两边直接积分 n 次即可.

3. 微分方程的应用主要是列方程解决实际问题.列微分方程首先要有正确的思想方法，善于把所给的具体问题变成一个数学问题(建立数学模型).要仔细分析已知条件与未知函数的关系并借助其他学科的知识，特别要找到函数的变化率与未知函数的联系.

▶▶ 复习题六 ◀◀

1. 填空题.

(1)微分方程 $y^{(4)}-xy^6=\cos 2x$ 的阶数是_____.

(2)如果一个一阶微分方程可化成_____的形式，则称它是可分离变量的.

(3)一阶线性非齐次微分方程的解法通常指_____和_____两种方法.

(4) $y^{(4)}=x$ 的通解为_____.

2. 选择题.

(1)方程 $x^2y\mathrm{d}x-\mathrm{d}y=x^2\mathrm{d}x+y\mathrm{d}y$ 是(　　).

 A. 线性微分方程   B. 可分离变量方程

 C. 齐次微分方程   D. 一阶线性非齐次方程

(2)微分方程 $(x+y)\mathrm{d}y=(x-y)\mathrm{d}x$ 是(　　).

 A. 线性微分方程   B. 可分离变量方程

 C. 齐次微分方程   D. 一阶线性非齐次方程

(3)下列方程中是一阶微分方程的(　　).

 A. $x(y')^2+2yy''+x=0$ B. $(y'')^2+5y'-y^5+x=0$

 C. $(x^2-y^2)\mathrm{d}x+(x^2+y^2)\mathrm{d}y=0$ D. $xy''+y'+y=0$

(4)二阶线性齐次微分方程有(　　).

 A. $(y')^2+5yy'+xy=0$ B. $x^2y''+2y+y-x=0$

 C. $yy''+x^2y'+y^2=0$ D. $xy'+2y''+x^2y=0$

(5)下列函数组中线性无关的是(　　).

 A. $x^2,\dfrac{2}{3}x^2$ B. $\sin 2x,\sin x\cos x$

 C. $1+\cos x,\cos^2\dfrac{x}{2}$ D. $\mathrm{e}^x,\mathrm{e}^{-2x}$

3. 求解下列一阶微分方程,若带初始条件,求特解.

(1) $\dfrac{\mathrm{d}y}{\mathrm{d}x}=\dfrac{xy}{1+x^2}$；   (2) $y'+y=\cos x$；

(3) $y'+\dfrac{y}{x}=\dfrac{\sin x}{x}$；   (4) $xy'-x\tan\dfrac{y}{x}=y$；

(5) $y'=\dfrac{1-x^2}{xy},y\big|_{x=1}=1$；   (6) $xy'+2y=x\ln x,y(1)=-\dfrac{1}{9}$；

$(7)\,y'-y=2xe^{2x},y(0)=1;$ $\qquad\qquad(8)\,(x-\sin y)\mathrm{d}y+\tan y\mathrm{d}x=0,y(1)=\dfrac{\pi}{6}.$

4. 求解微分方程 $y''=\cos\dfrac{x}{2}+e^{3x}$.

5. 应用题.

(1)设单位质量的物体在水平面内作直线运动,初速度为 $v|_{t=0}=v_0$,已知阻力与速度成正比(比例系数为 1),问时间 t 为多少时,此物体的速度为 $\dfrac{1}{3}v_0$? 并求该物体到此时刻所经过的路程.

(2)某集团最初有财产 2 500 万元,财产本身产生利息(如同在银行存款可以获得利息一样),且利息以年利率 4‰增长,同时该集团还必须以每年 100 万元的数额连续地支付职工工资,求该集团的财产 y 与时间 t 的函数关系.

阅读材料

微分方程的发展及应用

微分方程差不多是和微积分同时产生的.苏格兰数学家耐普尔创立对数的时候,就讨论过微分方程的近似解.牛顿在建立微积分的同时,对简单的微分方程用级数来求解.后来瑞士数学家雅各布·贝努利、欧拉,法国数学家克雷洛、达朗贝尔、拉格朗日等人又不断地研究和丰富了微分方程的理论.

微分方程的形成与发展是和力学、天文学、物理学以及其他科学技术的发展密切相关的.数学的其他分支的新发展,如复变函数、组合拓扑学等,都对微分方程的发展产生了深刻的影响,当前计算机的发展更是为微分方程的应用及理论研究提供了非常有力的工具.

牛顿研究天体力学和机械力学的时候,利用了微分方程这个工具,从理论上得到了行星运动规律.后来,法国天文学家勒维烈和英国天文学家亚当斯使用微分方程各自计算出那时尚未发现的海王星的位置.这些都使数学家更加深信微分方程在认识自然、改造自然方面的巨大力量.

现在,微分方程在很多学科领域内有着重要的应用,自动控制、各种电子学装置的设计、弹道的计算、飞机和导弹飞行的稳定性的研究、化学反应过程稳定性的研究、经济管理、生态、环境、人口、交通等.这些问题都可以化为求微分方程的解,或者化为研究解的性质的问题.应该说,应用微分方程理论已经取得了很大的成就,但是,它的现有理论也还远远不能满足需要,还有待于进一步的发展,使这门学科的理论更加完善.

微分方程的理论逐步完善的时候,利用它就可以精确地表述事物变化所遵循的基本规律.只要列出相应的微分方程,有了解方程的方法,微分方程也就成了最有生命力的数学分支.

模块七 线性代数

【学习目标】

☆ 理解行列式的概念,掌握行列式的性质,会计算行列式的值,会用克莱姆法则解方程组.
☆ 理解矩阵的概念,掌握矩阵的计算,矩阵的秩,矩阵的初等变换及逆矩阵.
☆ 掌握用矩阵知识求解线性方程组的方法.
☆ 了解应用 MATLAB 数学软件进行行列式及矩阵等运算操作的方法.

【引例】互付工资问题

现有一个木工,一个电工和一个油漆工,他们相互装修自己的房子,有协议如下:

(1)每人总共工作 10 天(包括在自己家干活),

(2)每人的日工资根据一般的市价在 60~80 元,

(3)日工资数应使每人的总收入与总支出相等,

求每人的日工资.

地　点 ＼ 天数 ＼ 工人	木工	电工	油漆工
木工家	2	1	6
电工家	4	5	1
油漆工家	4	4	3

我们可以用方程组来表示每个人与工资之间的关系,想要科学地解决上述问题,就要用到线性代数的知识.通过本模块的学习,我们将体会线性代数的思想及简单应用.

第一节 行列式的概念

本节从二阶、三阶行列式出发,引入 n 阶行列式的概念.

一、二阶行列式

对行列式的研究源于对线性方程组的研究.

例如,求解二元线性方程组

$$\begin{cases} a_{11}x_1 + a_{12}x_2 = b_1, & (1) \\ a_{21}x_1 + a_{22}x_2 = b_2. & (2) \end{cases}$$

用加减消元法解方程组.(1)$\times a_{22}$-(2)$\times a_{12}$,得 $(a_{11}a_{22}-a_{12}a_{21})x_1 = b_1a_{22}-a_{12}b_2$,

$$x_1 = \frac{b_1a_{22}-a_{12}b_2}{a_{11}a_{22}-a_{12}a_{21}}.$$

同理
$$x_2 = \frac{a_{11}b_2 - b_1 a_{21}}{a_{11}a_{22} - a_{12}a_{21}}.$$

现在来看解的表达式，其中分母恰好是方程组的系数按规律得出的，为了便于记忆，我们引进记号 $\begin{vmatrix} a_{11} & a_{12} \\ a_{21} & a_{22} \end{vmatrix} = a_{11}a_{22} - a_{12}a_{21}$.

定义 1 四个数 $a_{11}, a_{12}, a_{21}, a_{22}$，称 $\begin{vmatrix} a_{11} & a_{12} \\ a_{21} & a_{22} \end{vmatrix} = a_{11}a_{22} - a_{12}a_{21}$ 为**二阶行列式**.

a_{11}, a_{12} 所在的行称为**第一行**，记为 r_1. a_{21}, a_{22} 所在的行称为**第二行**，记为 r_2. a_{11}, a_{21} 所在的列称为**第一列**，记为 c_1. a_{12}, a_{22} 所在的列称为**第二列**，记为 c_2. 一般地，用 a_{ij} 表示第 i 行、第 j 列的元素，i 是**行标**，j 是**列标**.

行列式可叙述为：二阶行列式的对应值是主对角线元素之积与副对角线元素之积的差，此法则称为**对角线法则**.

例如，$\begin{vmatrix} 1 & -2 \\ 3 & 5 \end{vmatrix} = 1 \times 5 - (-2) \times 3 = 11$.

根据定义，我们记
$$D = \begin{vmatrix} a_{11} & a_{12} \\ a_{21} & a_{22} \end{vmatrix} = a_{11}a_{22} - a_{12}a_{21},$$

$$D_1 = \begin{vmatrix} b_1 & a_{12} \\ b_2 & a_{22} \end{vmatrix} = b_1 a_{22} - a_{12}b_2,$$

$$D_2 = \begin{vmatrix} a_{11} & b_1 \\ a_{21} & b_2 \end{vmatrix} = a_{11}b_2 - b_1 a_{21}.$$

于是方程组的解可以写成 $x_1 = \dfrac{D_1}{D} = \dfrac{\begin{vmatrix} b_1 & a_{12} \\ b_2 & a_{22} \end{vmatrix}}{\begin{vmatrix} a_{11} & a_{12} \\ a_{21} & a_{22} \end{vmatrix}}, x_2 = \dfrac{D_2}{D} = \dfrac{\begin{vmatrix} a_{11} & b_1 \\ a_{21} & b_2 \end{vmatrix}}{\begin{vmatrix} a_{11} & a_{12} \\ a_{21} & a_{22} \end{vmatrix}}.$

例 1 求解二元线性方程组 $\begin{cases} 2x + 3y = 8, \\ 4x + y = 6. \end{cases}$

解 $D = \begin{vmatrix} 2 & 3 \\ 4 & 1 \end{vmatrix} = 2 - 12 = -10 \neq 0, D_1 = \begin{vmatrix} 8 & 3 \\ 6 & 1 \end{vmatrix} = 8 - 18 = -10,$

$$D_2 = \begin{vmatrix} 2 & 8 \\ 4 & 6 \end{vmatrix} = 12 - 32 = -20,$$

故 $x_1 = \dfrac{D_1}{D} = 1, x_2 = \dfrac{D_2}{D} = 2.$

二、三阶行列式

定义 2

$$\begin{vmatrix} a_{11} & a_{12} & a_{13} \\ a_{21} & a_{22} & a_{23} \\ a_{31} & a_{32} & a_{33} \end{vmatrix} = a_{11}a_{22}a_{33} + a_{12}a_{23}a_{31} + a_{13}a_{32}a_{21} - a_{13}a_{22}a_{31} - a_{12}a_{21}a_{33} - a_{11}a_{32}a_{23},$$

其中前三项来源于主对角线,后三项来源于副对角线(如图7-1所示).

例2　计算行列式 $D=\begin{vmatrix} 1 & 1 & 1 \\ 3 & 2 & -1 \\ 3 & 1 & 2 \end{vmatrix}$ 的值.

图 7-1

解　$D=\begin{vmatrix} 1 & 1 & 1 \\ 3 & 2 & -1 \\ 3 & 1 & 2 \end{vmatrix}=1\times2\times2+1\times(-1)\times3+3\times1\times1-$

$1\times2\times3-1\times3\times2-1\times(-1)\times1=-7$

三、n 阶行列式

根据二阶和三阶行列式规律定义 n 阶行列式.

定义3　有 n^2 个数 a_{ij},其中 $i,j=1,2,\cdots,n$,把它们排成 n 行 n 列,记成

$$D=\begin{vmatrix} a_{11} & a_{12} & \cdots & a_{1n} \\ a_{21} & a_{22} & \cdots & a_{2n} \\ \vdots & \vdots & & \vdots \\ a_{n1} & a_{n2} & \cdots & a_{nn} \end{vmatrix}.$$

当 $n=1$ 时,$D=|a_{11}|=a_{11}$.

当 $n\geqslant2$ 时,$D=a_{11}A_{11}+a_{12}A_{12}+\cdots+a_{1n}A_{1n}=\sum_{j=1}^{n}a_{1j}A_{1j}=\sum_{j=1}^{n}a_{1j}(-1)^{1+j}M_{1j}$,

其中 M_{1j},A_{1j} 为元素 a_{1j} 的余子式和代数余子式($j=1,2,3\cdots$).

一般地,把 a_{ij} 所在的行和列都划掉,剩下的元素保持原来的相对位置不变而构成的新行列式称为元素 a_{ij} 的**余子式**,记为 M_{ij}. 记 $A_{ij}=(-1)^{i+j}M_{ij}$,A_{ij} 称为元素 a_{ij} 的**代数余子式**.

我们称 D 为 n **阶行列式**,上式称为 n 阶行列式按第一行元素的展开式.

定理　行列式等于它的任一行(或任一列)的每个元素与它所对应的代数余子式的乘积之和,

即 $D=a_{i1}A_{i1}+a_{i2}A_{i2}+\cdots+a_{ij}A_{ij}=\sum_{j=1}^{n}a_{ij}A_{ij}(i=1,2,\cdots,n)$

例3　按第1行展开计算行列式 $D=\begin{vmatrix} 2 & 1 & 2 \\ -4 & 3 & 1 \\ 2 & 3 & 5 \end{vmatrix}$.

解　$D=\begin{vmatrix} 2 & 1 & 2 \\ -4 & 3 & 1 \\ 2 & 3 & 5 \end{vmatrix}=2\times(-1)^{1+1}\begin{vmatrix} 3 & 1 \\ 3 & 5 \end{vmatrix}+1\times(-1)^{1+2}\begin{vmatrix} -4 & 1 \\ 2 & 5 \end{vmatrix}+2\times(-1)^{1+3}$

$\begin{vmatrix} -4 & 3 \\ 2 & 3 \end{vmatrix}=10$

注:n 阶行列式最终是一个**数值**.

例4　求四阶行列式 $D=\begin{vmatrix} 1 & 2 & 3 & 4 \\ 0 & 1 & 2 & 3 \\ 1 & 0 & 2 & 3 \\ 1 & 2 & 0 & 3 \end{vmatrix}$ 的值.

解 按第 1 行展开 $D = \begin{vmatrix} 1 & 2 & 3 & 4 \\ 0 & 1 & 2 & 3 \\ 1 & 0 & 2 & 3 \\ 1 & 2 & 0 & 3 \end{vmatrix} = 1 \times (-1)^{1+1} \begin{vmatrix} 1 & 2 & 3 \\ 0 & 2 & 3 \\ 2 & 0 & 3 \end{vmatrix} + 2 \times (-1)^{1+2}$

$\begin{vmatrix} 0 & 2 & 3 \\ 1 & 2 & 3 \\ 1 & 0 & 3 \end{vmatrix} + 3 \times (-1)^{1+3} \begin{vmatrix} 0 & 1 & 3 \\ 1 & 0 & 3 \\ 1 & 2 & 3 \end{vmatrix} + 4 \times (-1)^{1+4} \begin{vmatrix} 0 & 1 & 2 \\ 1 & 0 & 2 \\ 1 & 2 & 0 \end{vmatrix}$

$$= 6 + 12 + 18 - 24 = 12.$$

例 5 计算下三角行列式（对角线以上的元素全为 0）

$$D_1 = \begin{vmatrix} a_{11} & & & 0 \\ a_{21} & a_{22} & & \\ \vdots & \vdots & \ddots & \\ a_{n1} & a_{n2} & \cdots & a_{nn} \end{vmatrix}.$$

解 连续按第 1 行展开 $D_1 = \begin{vmatrix} a_{11} & & & 0 \\ a_{21} & a_{22} & & \\ \vdots & \vdots & \ddots & \\ a_{n1} & a_{n2} & \cdots & a_{nn} \end{vmatrix} = a_{11} \begin{vmatrix} a_{22} & & & 0 \\ a_{32} & a_{33} & & \\ \vdots & \vdots & \ddots & \\ a_{n2} & a_{n3} & \cdots & a_{nn} \end{vmatrix}$

$$= a_{11} a_{22} \begin{vmatrix} a_{33} & & & 0 \\ a_{43} & a_{44} & & \\ \vdots & \vdots & \ddots & \\ a_{n3} & a_{n4} & \cdots & a_{nn} \end{vmatrix} = \cdots = a_{11} a_{22} \cdots a_{nn}.$$

同理，上三角行列式 $D_n = \begin{vmatrix} a_{11} & a_{12} & \cdots & a_{1n} \\ & a_{22} & \cdots & a_{2n} \\ & & \ddots & \vdots \\ 0 & & & a_{nn} \end{vmatrix} = a_{11} a_{22} \cdots a_{nn}$

四、克莱姆（Cramer）法则

我们可以把用二、三阶行列式表示线性方程组的规律推广到含有 n 个未知量的 n 个方程的线性方程组的情形，这就是下面介绍的克莱姆（Cramer）定理.

设含有 n 个未知量的 n 个方程的线性方程组为

$$\begin{cases} a_{11}x_1 + a_{12}x_2 + \cdots + a_{1n}x_n = b_1, \\ a_{21}x_1 + a_{22}x_2 + \cdots + a_{2n}x_n = b_2, \\ \qquad\qquad \cdots \\ a_{n1}x_1 + a_{n2}x_2 + \cdots + a_{nn}x_n = b_n. \end{cases} \tag{7-1}$$

由未知量的系数组成 $D = \begin{vmatrix} a_{11} & a_{12} & \cdots & a_{1n} \\ a_{21} & a_{22} & \cdots & a_{2n} \\ \vdots & \vdots & & \vdots \\ a_{n1} & a_{n2} & \cdots & a_{nn} \end{vmatrix}$，称为方程组的**系数行列式**.

定理(Cramer) 设线性方程组(7-1)的系数行列式 $D \neq 0$,则(7-1)有唯一解,且解可用行列式表示为 $x_1 = \dfrac{D_1}{D}, x_2 = \dfrac{D_2}{D}, \cdots, x_n = \dfrac{D_n}{D}$.

其中 $D_j (j=1,2,\cdots,n)$ 是把系数行列式 D 中第 j 列元素用方程组右端相应的常数项代替而得到的 n 阶行列式,即 $D_j = \begin{vmatrix} a_{11} & \cdots & a_{1,j-1} & b_1 & a_{1,j+1} & \cdots & a_{1n} \\ a_{21} & \cdots & a_{2,j-1} & b_2 & a_{2,j+1} & \cdots & a_{2n} \\ \vdots & & \vdots & \vdots & \vdots & & \vdots \\ a_{n1} & \cdots & a_{n,j-1} & b_n & a_{n,j+1} & \cdots & a_{nn} \end{vmatrix}$ $(j=1,2,\cdots,n)$.

例 6 求解线性方程组 $\begin{cases} x_1 + x_2 + x_3 = 6 \\ 3x_1 + 2x_2 - x_3 = 4 \\ 3x_1 + x_2 + 2x_3 = 11 \end{cases}$

解 $D = \begin{vmatrix} 1 & 1 & 1 \\ 3 & 2 & -1 \\ 3 & 1 & 2 \end{vmatrix} = -7$ $D_1 = \begin{vmatrix} 6 & 1 & 1 \\ 4 & 2 & -1 \\ 11 & 1 & 2 \end{vmatrix} = -7$

$D_2 = \begin{vmatrix} 1 & 6 & 1 \\ 3 & 4 & -1 \\ 3 & 11 & 2 \end{vmatrix} = -14$ $D_3 = \begin{vmatrix} 1 & 1 & 6 \\ 3 & 2 & 4 \\ 3 & 1 & 11 \end{vmatrix} = -21$

故 $x_1 = \dfrac{D_1}{D} = 1, x_2 = \dfrac{D_2}{D} = 2, x_3 = \dfrac{D_3}{D} = 3$

例 7 求解线性方程组 $\begin{cases} 2x_1 - x_2 + 3x_3 + 2x_4 = 6, \\ 3x_1 - 3x_2 + 3x_3 + 2x_4 = 5, \\ 3x_1 - x_2 - x_3 + 2x_4 = 3, \\ 3x_1 - x_2 + 3x_3 - x_4 = 4. \end{cases}$

解 $D = \begin{vmatrix} 2 & -1 & 3 & 2 \\ 3 & -3 & 3 & 2 \\ 3 & -1 & -1 & 2 \\ 3 & -1 & 3 & -1 \end{vmatrix} = -70 \neq 0,$ $D_1 = \begin{vmatrix} 6 & -1 & 3 & 2 \\ 5 & -3 & 3 & 2 \\ 3 & -1 & -1 & 2 \\ 4 & -1 & 3 & -1 \end{vmatrix} = -70,$

$D_2 = \begin{vmatrix} 2 & 6 & 3 & 2 \\ 3 & 5 & 3 & 2 \\ 3 & 3 & -1 & 2 \\ 3 & 4 & 3 & -1 \end{vmatrix} = -70,$ $D_3 = \begin{vmatrix} 2 & -1 & 6 & 2 \\ 3 & -3 & 5 & 2 \\ 3 & -1 & 3 & 2 \\ 3 & -1 & 4 & -1 \end{vmatrix} = -70,$

$D_4 = \begin{vmatrix} 2 & -1 & 3 & 6 \\ 3 & -3 & 3 & 5 \\ 3 & -1 & -1 & 3 \\ 3 & -1 & 3 & 4 \end{vmatrix} = -70,$

得方程组的解为 $x_1 = \dfrac{D_1}{D} = 1, x_2 = \dfrac{D_2}{D} = 1, x_3 = \dfrac{D_3}{D} = 1, x_4 = \dfrac{D_4}{D} = 1.$

习题 7－1

1.利用对角线法则，计算下列二阶行列式.

(1) $\begin{vmatrix} 3 & -5 \\ 2 & 4 \end{vmatrix}$;

(2) $\begin{vmatrix} a+b & a \\ a-b & 2a-b \end{vmatrix}$;

(3) $\begin{vmatrix} \cos\theta & \sin\theta \\ \sin\theta & \cos\theta \end{vmatrix}$;

(4) $\begin{vmatrix} a & a^2 \\ b & ab \end{vmatrix}$.

2.利用对角线法则，计算下列三阶行列式.

(1) $\begin{vmatrix} 2 & 0 & 0 \\ 3 & 1 & 0 \\ 18 & 5 & 1 \end{vmatrix}$;

(2) $\begin{vmatrix} 0 & a & b \\ a & 0 & c \\ b & c & 0 \end{vmatrix}$;

(3) $\begin{vmatrix} 1 & 3 & 2 \\ 3 & -5 & 1 \\ 2 & 1 & 4 \end{vmatrix}$;

(4) $\begin{vmatrix} a & b & c \\ b & c & a \\ c & a & b \end{vmatrix}$.

3.解下列方程.

(1) $\begin{vmatrix} 1 & 2 \\ x & 4 \end{vmatrix} = 0$;

(2) $\begin{vmatrix} 1 & 1 & 1 \\ 1 & 1-x & 1 \\ 1 & 1 & 2-x \end{vmatrix} = 0$.

4.计算下列行列式.

(1) $\begin{vmatrix} 2 & 1 & 4 & 1 \\ 3 & -1 & 2 & 1 \\ 1 & 2 & 3 & 2 \\ 5 & 0 & 6 & 2 \end{vmatrix}$;

(2) $\begin{vmatrix} 1 & 2 & 3 & 4 \\ 2 & 3 & 4 & 1 \\ 3 & 4 & 1 & 2 \\ 4 & 1 & 2 & 3 \end{vmatrix}$.

5.用行列式解下列方程组.

(1) $\begin{cases} x+2y+z=0, \\ 2x-y+z=1, \\ x-y+2z=3; \end{cases}$

(2) $\begin{cases} x+y+z=1, \\ 2x-y-z=1, \\ x-3y+z=2. \end{cases}$

6.用克莱姆定理解下列方程组.

(1) $\begin{cases} x+y+3z=0, \\ x+2y+3z=-1, \\ x+3y+6z=0; \end{cases}$

(2) $\begin{cases} x_1-x_2+x_3-2x_4=2, \\ 2x_1-x_3+4x_4=4, \\ 3x_1+2x_2+x_3=-1, \\ -x_1+2x_2-x_3+2x_4=-4. \end{cases}$

第二节 行列式的性质及其运算

当行列式的阶数较高时，仅靠定义计算行列式有时会相当困难，本节所介绍的性质可使计算大为简化.在计算行列式时，为了表达简洁，引入下列记号：

(1) $r_i \leftrightarrow r_j(c_i \leftrightarrow c_j)$ 表示交换第 i,j 两行(列).

(2) $r_i \times k(c_i \times k)$ 表示用数 k 乘第 i 行(列)的每个元素.

（3）$r_i + kr_j (c_i + kc_j)$ 表示将行列式第 j 行（列）乘以 k 后再加到第 i 行（列）上去.

（4）$r(i)(c(i))$ 表示按第 i 行（列）展开.

一、行列式的性质

在此我们只叙述行列式的性质，而略去一般的证明. 先给出转置行列式的概念.

定义 1　若把行列式 D 的行与列按原来顺序互换后所得的行列式称为 D 的**转置行列式**，记为 D^T.

即若　　　　$D = \begin{vmatrix} a_{11} & a_{12} & \cdots & a_{1n} \\ a_{21} & a_{22} & \cdots & a_{2n} \\ \vdots & \vdots & & \vdots \\ a_{n1} & a_{n2} & \cdots & a_{nn} \end{vmatrix}$，则 $D^T = \begin{vmatrix} a_{11} & a_{21} & \cdots & a_{n1} \\ a_{12} & a_{22} & \cdots & a_{n2} \\ \vdots & \vdots & & \vdots \\ a_{1n} & a_{2n} & \cdots & a_{nn} \end{vmatrix}$.

显然 D 也是 D^T 转置行列式.

性质 1　行列式与它的转置行列式相等.

例如　　　　$A = \begin{vmatrix} 2 & 0 & 0 \\ 1 & 1 & 2 \\ 2 & 1 & 3 \end{vmatrix} = 2, \quad A^T = \begin{vmatrix} 2 & 1 & 2 \\ 0 & 1 & 1 \\ 0 & 2 & 3 \end{vmatrix} = 2, \quad A = A^T = 2.$

性质 1 说明，行列式中行与列所处的地位是一样的，即凡是行列式对行成立的性质，对列也同样成立. 例如 n 阶行列式的定义是按第一行展开，由于行与列的地位一样，也可以按第一列展开.

性质 2　若行列式中任何两行（或两列）互相交换位置，则行列式的值变号.

推论 1　若行列式中有两行（或两列）的全部元素分别相同，则行列式的值等于零.

性质 3　若行列式的某行（或列）中所有各元素同用数 k 去乘，其结果就等于用 k 乘这行列式. 反之，行列式的某行（或列）中所有各元素有公因数 k，可以把 k 提到行列式外面，

即　　　　$\begin{vmatrix} a_{11} & a_{12} & \cdots & a_{1n} \\ \vdots & \vdots & & \vdots \\ ka_{i1} & ka_{i2} & \cdots & ka_{in} \\ \vdots & \vdots & & \vdots \\ a_{n1} & a_{n2} & \cdots & a_{nn} \end{vmatrix} = k \begin{vmatrix} a_{11} & a_{12} & \cdots & a_{1n} \\ \vdots & \vdots & & \vdots \\ a_{i1} & a_{i2} & \cdots & a_{in} \\ \vdots & \vdots & & \vdots \\ a_{n1} & a_{n2} & \cdots & a_{nn} \end{vmatrix}.$

推论 2　若行列式中有一行（或一列）的元素全为零，则这个行列式的值等于零.

由性质 3 和推论 1 可以得到下面推论：

推论 3　若行列式中有两行（或两列）的元素成比例，则这个行列式的值等于零.

例 1　计算行列式 $D = \begin{vmatrix} 1 & 2 & 3 & 4 \\ 2 & 3 & 6 & 0 \\ -1 & -1 & -3 & -1 \\ 3 & 2 & 9 & 0 \end{vmatrix}$.

解　因为第 1 列与第 3 列对应元素成比例，所以 $D = 0$.

性质 4　若行列式的第 i 行（列）中各元素都可以写成两项的和：

$$a_{ij} = b_{ij} + c_{ij}, j = 1, 2, \cdots, n.$$

则这行列式等于两个行列式的和，这两个行列式的第 i 行，一个是 $b_{i1}, b_{i2}, \cdots, b_{in}$，另一个是 c_{i1}，

$c_{i2}, \cdots, c_{in}$，其他各行都同原行列式的一样，即

$$\begin{vmatrix} a_{11} & a_{12} & \cdots & a_{1n} \\ \vdots & \vdots & & \vdots \\ b_{i1}+c_{i1} & b_{i2}+c_{i2} & \cdots & b_{in}+c_{in} \\ \vdots & \vdots & & \vdots \\ a_{n1} & a_{n2} & \cdots & a_{nn} \end{vmatrix} = \begin{vmatrix} a_{11} & a_{12} & \cdots & a_{1n} \\ \vdots & \vdots & & \vdots \\ b_{i1} & b_{i2} & \cdots & b_{in} \\ \vdots & \vdots & & \vdots \\ a_{n1} & a_{n2} & \cdots & a_{nn} \end{vmatrix} + \begin{vmatrix} a_{11} & a_{12} & \cdots & a_{1n} \\ \vdots & \vdots & & \vdots \\ c_{i1} & c_{i2} & \cdots & c_{in} \\ \vdots & \vdots & & \vdots \\ a_{n1} & a_{n2} & \cdots & a_{nn} \end{vmatrix}.$$

例 2 计算行列式 $B = \begin{vmatrix} 3 & 1 & 2 \\ 290 & 106 & 196 \\ 5 & -3 & 2 \end{vmatrix}$.

解 把行列式第二行的元素分别看作：$300-10,100+6,200-4$，利用性质 4，将其拆成两个行列式之和，再由推论 3 和性质 3，得

$$B = \begin{vmatrix} 3 & 1 & 2 \\ 290 & 106 & 196 \\ 5 & -3 & 2 \end{vmatrix} = \begin{vmatrix} 3 & 1 & 2 \\ 300-10 & 100+6 & 200-4 \\ 5 & -3 & 2 \end{vmatrix}$$

$$= \begin{vmatrix} 3 & 1 & 2 \\ 300 & 100 & 200 \\ 5 & -3 & 2 \end{vmatrix} + \begin{vmatrix} 3 & 1 & 2 \\ -10 & 6 & -4 \\ 5 & -3 & 2 \end{vmatrix} = 0.$$

性质 5 把行列式的某一行（或列）的各个元素乘以同一个常数后加到另一个行（或列）的对应元素上去，所得行列式的值与原行列式的值相等，即

$$\begin{vmatrix} a_{11} & a_{12} & \cdots & a_{1n} \\ \vdots & \vdots & & \vdots \\ ka_{i1}+a_{j1} & ka_{i2}+a_{j2} & \cdots & ka_{in}+a_{jn} \\ \vdots & \vdots & & \vdots \\ a_{n1} & a_{n2} & \cdots & a_{nn} \end{vmatrix} = \begin{vmatrix} a_{11} & a_{12} & \cdots & a_{1n} \\ \vdots & \vdots & & \vdots \\ a_{j1} & a_{j2} & \cdots & a_{jn} \\ \vdots & \vdots & & \vdots \\ a_{n1} & a_{n2} & \cdots & a_{nn} \end{vmatrix}.$$

例 3 计算行列式 $D = \begin{vmatrix} 1+a & 2+a & 3+a \\ 1+b & 2+b & 3+b \\ 1+c & 2+c & 3+c \end{vmatrix}$.

解 $D = \begin{vmatrix} 1+a & 2+a & 3+a \\ 1+b & 2+b & 3+b \\ 1+c & 2+c & 3+c \end{vmatrix} \xrightarrow[c_3-c_1]{c_2-c_1} \begin{vmatrix} 1+a & 1 & 2 \\ 1+b & 1 & 2 \\ 1+c & 1 & 2 \end{vmatrix} = 0.$

性质 6 行列式的某一行（或列）的每个元素与另一行（或列）对应元素的代数余子式的乘积之和等于零，

即 $$\sum_{k=1}^{n} a_{ik}A_{jk} = a_{i1}A_{j1} + a_{i2}A_{j2} + \cdots + a_{in}A_{jn} = 0 (i \neq j).$$

二、行列式的运算

行列式的基本计算方法之一是根据其特点，利用行列式的性质，把它逐步化为三角形行列式，由前面的结论可知，三角形行列式的值就是其主对角线上元素的乘积. 这种方法一般叫做"化三角形法".

对于一般的以具体数字为元素的行列式的计算,都可以利用行(或列)互换以及对行(或列)的倍加运算将其化为三角形行列式,再计算得到行列式的值.

例 4　计算行列式 $D=\begin{vmatrix} 1 & 2 & 3 & 4 \\ 0 & 1 & 2 & 3 \\ 1 & 0 & 2 & 3 \\ 1 & 2 & 0 & 3 \end{vmatrix}$.

解　$D=\begin{vmatrix} 1 & 2 & 3 & 4 \\ 0 & 1 & 2 & 3 \\ 1 & 0 & 2 & 3 \\ 1 & 2 & 0 & 3 \end{vmatrix} \xrightarrow[r_4-r_1]{r_3-r_1} \begin{vmatrix} 1 & 2 & 3 & 4 \\ 0 & 1 & 2 & 3 \\ 0 & -2 & -1 & -1 \\ 0 & 0 & -3 & -1 \end{vmatrix}$

$\xrightarrow{r_3+2r_2} \begin{vmatrix} 1 & 2 & 3 & 4 \\ 0 & 1 & 2 & 3 \\ 0 & 0 & 3 & 5 \\ 0 & 0 & -3 & -1 \end{vmatrix} \xrightarrow{r_4+r_3} \begin{vmatrix} 1 & 2 & 3 & 4 \\ 0 & 1 & 2 & 3 \\ 0 & 0 & 3 & 5 \\ 0 & 0 & 0 & 4 \end{vmatrix} = 12.$

例 5　计算行列式 $D=\begin{vmatrix} x & a & a \\ a & x & a \\ a & a & x \end{vmatrix}$.

解　$D=\begin{vmatrix} x & a & a \\ a & x & a \\ a & a & x \end{vmatrix} \xrightarrow[r_1+r_3]{r_1+r_2} \begin{vmatrix} 2a+x & 2a+x & 2a+x \\ a & x & a \\ a & a & x \end{vmatrix} = (2a+x) \cdot \begin{vmatrix} 1 & 1 & 1 \\ a & x & a \\ a & a & x \end{vmatrix}$

$\xrightarrow[r_3-ar_1]{r_2-ar_1} (2a+x) \cdot \begin{vmatrix} 1 & 1 & 1 \\ 0 & x-a & 0 \\ 0 & 0 & x-a \end{vmatrix} = (2a+x)(x-a)^2.$

同理可知

$$D_n = \begin{vmatrix} x & a & a & \cdots & a \\ a & x & a & \cdots & a \\ a & a & x & \cdots & a \\ \vdots & \vdots & \vdots & & \vdots \\ a & a & a & \cdots & x \end{vmatrix} = [(n-1)a+x](x-a)^{n-1}.$$

把数字行列式化为上三角行列式的一般步骤为:

(1)将元素 a_{11} 变换为 1;

(2)将第一列 a_{11} 以下的元素全部化为零,即将第一行乘 $-a_{21}$,$-a_{31}$,$\cdots$,$-a_{n1}$ 并分别加到第 $2,3,\cdots,n$ 行对应元素上;

(3)从第二行依次用类似的方法把主对角线 a_{22},a_{33},$\cdots$,$a_{n-1,n-1}$ 以下的元素全部化为零,即可得上三角形行列式.

注:在上述变换过程中,主对角线上元素 $a_{ii}(i=1,2,\cdots,n-1)$ 不能为零,若出现零,可通过行变换或列变换使得主对角线上的元素不为零.

计算行列式的另一种基本方法是选择零元素较多的行(或列),按这一行(或列)展开,将行列式转化成几个低一阶的行列式的代数和;如果原行列式没有一行(或列)多数元素为零,则可以利用性质,使某一行(或列)化成只有一两个非零元素,其他均为零元素,然后按这一行(或列)展开.按此方法逐步降阶,直至计算出结果.这种方法一般称为"**降阶法**".

例 6 计算行列式 $D=\begin{vmatrix} a & b & 0 & 0 & 0 \\ 0 & a & b & 0 & 0 \\ 0 & 0 & a & b & 0 \\ 0 & 0 & 0 & a & b \\ b & 0 & 0 & 0 & a \end{vmatrix}$.

解 $D=\begin{vmatrix} a & b & 0 & 0 & 0 \\ 0 & a & b & 0 & 0 \\ 0 & 0 & a & b & 0 \\ 0 & 0 & 0 & a & b \\ b & 0 & 0 & 0 & a \end{vmatrix}=a(-1)^{1+1}\begin{vmatrix} a & b & 0 & 0 \\ 0 & a & b & 0 \\ 0 & 0 & a & b \\ 0 & 0 & 0 & a \end{vmatrix}+b(-1)^{5+1}\begin{vmatrix} b & 0 & 0 & 0 \\ a & b & 0 & 0 \\ 0 & a & b & 0 \\ 0 & 0 & a & b \end{vmatrix}=a^5+b^5.$

例 7 计算三阶 Vandermonde 行列式 $D=\begin{vmatrix} 1 & 1 & 1 \\ x_1 & x_2 & x_3 \\ x_1^2 & x_2^2 & x_3^2 \end{vmatrix}$.

解 $D=\begin{vmatrix} 1 & 1 & 1 \\ x_1 & x_2 & x_3 \\ x_1^2 & x_2^2 & x_3^2 \end{vmatrix}\xrightarrow[r_2-x_1r_1]{r_3-x_1r_2}\begin{vmatrix} 1 & 1 & 1 \\ 0 & x_2-x_1 & x_3-x_1 \\ 0 & x_2^2-x_1x_2 & x_3^2-x_1x_3 \end{vmatrix}$

$\xrightarrow{c(1)}\begin{vmatrix} x_2-x_1 & x_3-x_1 \\ x_2^2-x_1x_2 & x_3^2-x_1x_3 \end{vmatrix}=(x_2-x_1)(x_3-x_1)\begin{vmatrix} 1 & 1 \\ x_2 & x_3 \end{vmatrix}$

$=(x_2-x_1)(x_3-x_1)(x_3-x_2)=\prod_{1\leqslant i<j\leqslant 3}(x_j-x_i).$

同理可知 n 阶行列式 $\begin{vmatrix} 1 & 1 & \cdots & 1 \\ x_1 & x_2 & \cdots & x_n \\ x_1^2 & x_2^2 & \cdots & x_n^2 \\ \vdots & \vdots & & \vdots \\ x_1^{n-1} & x_2^{n-1} & \cdots & x_n^{n-1} \end{vmatrix}=\prod_{1\leqslant i<j\leqslant n}(x_j-x_i).$

习题 7-2

1. 利用行列式的性质计算下列各式.

(1) $\begin{vmatrix} 113 & 1\,024 \\ 226 & 2\,048 \end{vmatrix}$;

(2) $\begin{vmatrix} 3 & 14 & 3 \\ 1 & 10 & 1 \\ 2 & 4 & 1 \end{vmatrix}$;

(3) $\begin{vmatrix} 10 & 8 & 2 \\ 15 & 12 & 3 \\ 20 & 32 & 12 \end{vmatrix}$;

(4) $\begin{vmatrix} a & 0 & b \\ 0 & 0 & 0 \\ c & 0 & d \end{vmatrix}$;

(5) $\begin{vmatrix} 103 & 199 & 301 \\ 100 & 200 & 300 \\ 204 & 395 & 600 \end{vmatrix}$;

(6) $\begin{vmatrix} 1 & 2 & 3 \\ 1 & 1 & 1 \\ 2 & 2 & 2 \end{vmatrix}$.

2. 证明下列各式.

$(1)\begin{vmatrix} \cos a & \sin a & 0 & 0 \\ -\sin a & \cos a & 0 & 0 \\ 0 & 0 & \cos a & \sin a \\ 0 & 0 & -\sin a & \cos a \end{vmatrix}=1$;　$(2)\begin{vmatrix} a & b & 0 & 0 \\ 0 & a & b & 0 \\ 0 & 0 & a & b \\ b & 0 & 0 & a \end{vmatrix}=a^4-b^4$;

$(3)\begin{vmatrix} ax+by & ay+bz & az+bx \\ ay+bz & az+bx & ax+by \\ az+bx & ax+by & ay+bz \end{vmatrix}=(a^3+b^3)\begin{vmatrix} x & y & z \\ y & z & x \\ z & x & y \end{vmatrix}$.

3. 计算下列行列式的值.

$(1)\begin{vmatrix} a_1 & 0 & 0 & b_1 \\ 0 & a_2 & b_2 & 0 \\ 0 & b_3 & a_3 & 0 \\ b_4 & 0 & 0 & a_4 \end{vmatrix}$;　$(2)\begin{vmatrix} 1+a & 1 & \cdots & 1 \\ 1 & 1+a & \cdots & 1 \\ \vdots & \vdots & & \vdots \\ 1 & 1 & \cdots & 1+a \end{vmatrix}$;

$(3)\begin{vmatrix} -ab & ac & ae \\ bd & -cd & de \\ bf & cf & -ef \end{vmatrix}$;　$(4)\begin{vmatrix} 2 & 3 & 0 & 0 & 0 \\ 1 & 5 & 0 & 0 & 0 \\ 4 & 2 & 1 & 3 & 4 \\ 3 & 4 & 2 & 8 & 5 \\ 5 & 6 & 0 & 2 & 1 \end{vmatrix}$.

4. 设 $D_4=\begin{vmatrix} 1 & 1 & 1 & 1 \\ 2 & 3 & 4 & 5 \\ 4 & 9 & 16 & 25 \\ 8 & 27 & 64 & 125 \end{vmatrix}$，(1)求 D_4 的值；(2)求 $A_{41}+A_{42}+A_{43}+A_{44}$.

第三节 矩阵的概念及其运算

矩阵是重要的数学工具，运用矩阵可以使许多数量方法得以简化，本节我们先介绍矩阵的基本概念及其运算.

一、矩阵的概念

在解线性方程组时，其系数的位置是非常重要的，在进行变换时，常常将未知数的系数排成一个矩形的数表.例如，线性方程组
$$\begin{cases} a_{11}x_1+a_{12}x_2+\cdots+a_{1n}x_n=b_1, \\ a_{21}x_1+a_{22}x_2+\cdots+a_{2n}x_n=b_2, \\ \quad\quad\quad\cdots \\ a_{m1}x_1+a_{m2}x_2+\cdots+a_{mn}x_n=b_m. \end{cases}$$

将其系数按在方程组中原有的相应位置排成一个矩形数表，即
$$\begin{bmatrix} a_{11} & a_{12} & \cdots & a_{1n} \\ a_{21} & a_{22} & \cdots & a_{2n} \\ \vdots & \vdots & & \vdots \\ a_{m1} & a_{m2} & \cdots & a_{mn} \end{bmatrix},$$

把这样的矩形数表叫做一个**矩阵**.

定义 1 由 $m \times n$ 个数 $a_{ij}(i=1,2,\cdots,m; j=1,2,\cdots,n)$ 排成的 m 行 n 列的矩形数表

$$\begin{bmatrix} a_{11} & a_{12} & \cdots & a_{1n} \\ a_{21} & a_{22} & \cdots & a_{2n} \\ \vdots & \vdots & & \vdots \\ a_{m1} & a_{m2} & \cdots & a_{mn} \end{bmatrix}$$ 称为一个 $m \times n$ **阶矩阵**. 其中 a_{ij} 称为该矩阵的第 i 行第 j 列的元素, 简

称为该矩阵的 (i,j) **元素**. 通常用大写英文字母 $A, B, C, \cdots$ 表示矩阵. 矩阵也可以简记为 $A = [a_{ij}]_{m \times n}$ 或 $A_{m \times n}$.

例如: 矩阵 $\begin{bmatrix} 1 & -2 & 3 \\ 6 & 0 & 8 \end{bmatrix}$ 就是一个 2×3 阶矩阵, 它的 $(1,2)$ 元素是 -2.

当 $m \neq n$ 时, 矩阵 $A = [a_{ij}]_{m \times n}$; 当 $m = n$ 时, 矩阵 $A = [a_{ij}]_{m \times n}$ 称为 n **阶方阵**, 记为 $A_{n \times n}$.

$$A_{n \times n} = \begin{bmatrix} a_{11} & a_{12} & \cdots & a_{1n} \\ a_{21} & a_{22} & \cdots & a_{2n} \\ \vdots & \vdots & & \vdots \\ a_{n1} & a_{n2} & \cdots & a_{nn} \end{bmatrix}.$$

下面介绍几种重要的特殊矩阵.

1. 零矩阵

所有元素都是零的矩阵, 称为零矩阵, 记为 O. 即 $O = \begin{bmatrix} 0 & 0 & \cdots & 0 \\ 0 & 0 & \cdots & 0 \\ \vdots & \vdots & & \vdots \\ 0 & 0 & \cdots & 0 \end{bmatrix}$.

2. 单位矩阵

主对角线上的元素都是 1, 而其他元素全为零的 n 阶方阵称为 n 阶单位矩阵, 记为 E_n 或 E.

即 $E = \begin{bmatrix} 1 & 0 & \cdots & 0 \\ 0 & 1 & \cdots & 0 \\ \vdots & \vdots & & \vdots \\ 0 & 0 & \cdots & 1 \end{bmatrix}$.

3. 行矩阵与列矩阵

只有一行的矩阵 $[a_1 \quad a_2 \quad \cdots \quad a_n]$, 称为 n **元行矩阵**.

只有一列的矩阵 $\begin{bmatrix} b_1 \\ b_2 \\ \vdots \\ b_m \end{bmatrix}$, 称为 m **元列矩阵**.

4. 上(下)三角矩阵

主对角线下边的元素全为零的 n 阶方阵, 称为 n **阶上三角矩阵**.

例如: $\begin{bmatrix} 1 & 2 & 3 \\ 0 & 0 & 4 \\ 0 & 0 & 8 \end{bmatrix}$ 就是一个 3 阶上三角矩阵.

类似地, 把主对角线上边的元素全为零的 n 阶方阵称为 n **阶下三角矩阵**.

5. 相等矩阵

对于两个行数和列数都相等的矩阵称为**同型矩阵**，对应的元素也都相等的两个同型矩阵，称为**相等矩阵**.

注：不同型的零矩阵是不相等的.

二、矩阵的运算

1. 矩阵的加法

定义 2　设 $A=[a_{ij}]_{m\times n}$ 和 $B=[b_{ij}]_{m\times n}$ 是两个 $m\times n$ 矩阵，A 与 B 的对应元素相加所得到的另一个 $m\times n$ 矩阵，称为 A 与 B 的和，记为 $A+B$，即 $A+B=[a_{ij}+b_{ij}]_{m\times n}$.

例如，$\begin{bmatrix} 1 & 2 & 3 \\ -1 & 0 & 7 \end{bmatrix}+\begin{bmatrix} 2 & 3 & 7 \\ 1 & 2 & 1 \end{bmatrix}=\begin{bmatrix} 3 & 5 & 10 \\ 0 & 2 & 8 \end{bmatrix}$.

由定义可见，只有同型矩阵才可以相加，而且同型矩阵相加归结为它们的对应元素相加. 因此在作矩阵加法时，特别应注意不同型的矩阵不能相加.

若矩阵 $A=[a_{ij}]_{m\times n}$，而 $C=[-a_{ij}]_{m\times n}$，则称 C 为 A 的负矩阵，记为 $C=-A$.

矩阵 A 与矩阵 $-B$ 的和叫做 A 与 B 的差，又称 A 与 B 的减法，记为 $A-B$，即 $A-B=A+(-B)$.

2. 数与矩阵相乘

定义 3　设矩阵 $A=[a_{ij}]_{m\times n}$，k 为常数，用 k 去乘 A 的每个元素所得到的另一个 $m\times n$ 矩阵，称为 k 与 A 之积，记为 kA，即 $kA=[ka_{ij}]_{m\times n}$. 例如 $(-2)\begin{bmatrix} 1 & 2 \\ -3 & 0 \end{bmatrix}=\begin{bmatrix} -2 & -4 \\ 6 & 0 \end{bmatrix}$.

矩阵的加减法运算和数与矩阵相乘的运算统称为矩阵的**线性运算**.

线性运算满足下列运算规律：

(1) $A+B=B+A$；　　　　　　(2) $(A+B)+C=A+(B+C)$；

(3) $A+(-A)=O$；　　　　　　(4) $A+O=A$；

(5) $1A=A$；　　　　　　　　(6) $k(lA)=(kl)A$；

(7) $(k+l)A=kA+lA$；　　　　(8) $k(A+B)=kA+kB$.

其中 A,B 为任意 $m\times n$ 矩阵，k,l 为任意常数.

例 1　设矩阵 A、B 和 C 满足等式 $3(A+C)=2(B-C)$，其中 $A=\begin{bmatrix} 2 & 3 & 6 \\ -1 & 3 & 5 \end{bmatrix}$，$B=\begin{bmatrix} 3 & 2 & 4 \\ 1 & -3 & 5 \end{bmatrix}$，求矩阵 C.

解　由 $3(A+C)=2(B-C)$ 解得 $C=\dfrac{1}{5}(2B-3A)$.

由于 $2B-3A=\begin{bmatrix} 6 & 4 & 8 \\ 2 & -6 & 10 \end{bmatrix}-\begin{bmatrix} 6 & 9 & 18 \\ -3 & 9 & 15 \end{bmatrix}=\begin{bmatrix} 0 & -5 & -10 \\ 5 & -15 & -5 \end{bmatrix}$，

所以 $C=\begin{bmatrix} 0 & -1 & -2 \\ 1 & -3 & -1 \end{bmatrix}$.

3. 矩阵的乘法

矩阵的乘法运算较为复杂，但极其重要.

定义 4　设矩阵 $A=[a_{ij}]_{m\times p}$ 和 $B=[b_{ij}]_{p\times n}$，规定 A 与 B 的乘积为矩阵 $C=[c_{ij}]_{m\times n}$，记为

$AB = C$，其中 $c_{ij} = \sum_{k=1}^{p} a_{ik}b_{kj} = a_{i1}b_{1j} + a_{i2}b_{2j} + \cdots + a_{ip}b_{pj}$ $(i=1,2,\cdots,m; j=1,2,\cdots,n)$.

即 AB 的第 i 行第 j 列元素为 A 的第 i 行元素与 B 的第 j 列对应元素的乘积之和.

关于矩阵乘法的定义，必须注意以下两点：

(1)因为乘积矩阵的 (i,j) 元素规定为左边矩阵的第 i 行元素与右边矩阵的第 j 列对应元素的乘积之和，所以只有当左边矩阵的列数等于右边矩阵的行数时它们才可以相乘，否则不能相乘.

(2)乘积矩阵的行数等于左边矩阵的行数，乘积矩阵的列数等于右边矩阵的列数.

例 2 设矩阵 $A = \begin{bmatrix} 1 & 2 \\ 3 & 4 \\ -1 & 0 \\ 7 & -1 \end{bmatrix}$，$B = \begin{bmatrix} 1 & 2 & 0 \\ -1 & 3 & 4 \end{bmatrix}$，求 AB.

解 $AB = \begin{bmatrix} 1 & 2 \\ 3 & 4 \\ -1 & 0 \\ 7 & -1 \end{bmatrix} \begin{bmatrix} 1 & 2 & 0 \\ -1 & 3 & 4 \end{bmatrix}$

$= \begin{bmatrix} 1\times1+2\times(-1) & 1\times2+2\times3 & 1\times0+2\times4 \\ 3\times1+4\times(-1) & 3\times2+4\times3 & 3\times0+4\times4 \\ -1\times1+0\times(-1) & -1\times2+0\times3 & -1\times0+0\times4 \\ 7\times1+(-1)\times(-1) & 7\times2+(-1)\times3 & 7\times0+(-1)\times4 \end{bmatrix} = \begin{bmatrix} -1 & 8 & 8 \\ -1 & 18 & 16 \\ -1 & -2 & 0 \\ 8 & 11 & -4 \end{bmatrix}$.

例 3 设矩阵 $A = \begin{bmatrix} a_1 & a_2 & \cdots & a_n \end{bmatrix}$，$B = \begin{bmatrix} b_1 \\ b_2 \\ \vdots \\ b_n \end{bmatrix}$，求 AB 与 BA.

解 $AB = \begin{bmatrix} a_1 & a_2 & \cdots & a_n \end{bmatrix} \begin{bmatrix} b_1 \\ b_2 \\ \vdots \\ b_n \end{bmatrix} = a_1b_1 + a_2b_2 + \cdots + a_nb_n$.

$BA = \begin{bmatrix} b_1 \\ b_2 \\ \vdots \\ b_n \end{bmatrix} \begin{bmatrix} a_1 & a_2 & \cdots & a_n \end{bmatrix} = \begin{bmatrix} b_1a_1 & b_1a_2 & \cdots & b_1a_n \\ b_2a_1 & b_2a_2 & \cdots & b_2a_n \\ \vdots & \vdots & & \vdots \\ b_na_1 & b_na_2 & \cdots & b_na_n \end{bmatrix}$.

可见 AB 是一个数，而 BA 是一个 n 阶方阵. 显然，有 $AB \neq BA$.

例 4 设矩阵 $A = \begin{bmatrix} 1 & 0 \\ 1 & 0 \end{bmatrix}$，$B = \begin{bmatrix} 0 & 0 \\ 1 & 1 \end{bmatrix}$，求 AB 与 BA.

解 $AB = \begin{bmatrix} 1 & 0 \\ 1 & 0 \end{bmatrix} \begin{bmatrix} 0 & 0 \\ 1 & 1 \end{bmatrix} = \begin{bmatrix} 0 & 0 \\ 0 & 0 \end{bmatrix}$，$BA = \begin{bmatrix} 0 & 0 \\ 1 & 1 \end{bmatrix} \begin{bmatrix} 1 & 0 \\ 1 & 0 \end{bmatrix} = \begin{bmatrix} 0 & 0 \\ 2 & 0 \end{bmatrix}$.

由上面例题看到，矩阵的乘法运算是不满足交换律的，即 $AB \neq BA$. 从下面几方面可以说

明这一点:

(1)当 A,B 可以相乘时,B,A 未必可以相乘.

(2)即使 AB 与 BA 都有意义,但是 AB 与 BA 也不一定相等.

从上例可以得出结论:两个非零矩阵相乘可以是零矩阵. 即 $A \neq O$,$B \neq O$,但 $AB = O$. 反之,即使 $AB = O$,也不能得出 $A = O$ 或 $B = O$ 的结论.

下面讨论矩阵乘法满足的运算规律:

(1)结合律:$(AB)C = A(BC)$; (2)$k(AB) = (kA)B = A(kB)$;

(3)分配律:$A(B+C) = AB + AC$ $(B+C)A = BA + CA$;

(4)$E_m A_{m \times n} = A_{m \times n} E_n = A_{m \times n}$.

4. 矩阵的转置运算

定义 5 把 $m \times n$ 阶矩阵的行列互换而得到的 $n \times m$ 阶矩阵,称为 A 的转置矩阵,记为 A^T 或 A'.

例如 $\begin{bmatrix} -2 & 3 \\ 0 & 7 \\ 6 & 5 \end{bmatrix}^T = \begin{bmatrix} -2 & 0 & 6 \\ 3 & 7 & 5 \end{bmatrix}$.

矩阵的转置满足下列规律:

(1)$(A^T)^T = A$; (2)$(A+B)^T = A^T + B^T$;

(3)$(kA)^T = kA^T$(k 为常数); (4)$(AB)^T = B^T A^T$.

可将规律(4)推广.

例如:$(ABC)^T = [(AB)C]^T = C^T (AB)^T = C^T B^T A^T$.

例 5 设矩阵 $A = \begin{bmatrix} 1 & 2 & 0 \\ 3 & -1 & 4 \end{bmatrix}$,$B = \begin{bmatrix} 1 & 3 & 0 \\ 4 & 2 & 1 \\ 0 & 1 & -1 \end{bmatrix}$,求 $(AB)^T$.

解 $A^T = \begin{bmatrix} 1 & 3 \\ 2 & -1 \\ 0 & 4 \end{bmatrix}$,$B^T = \begin{bmatrix} 1 & 4 & 0 \\ 3 & 2 & 1 \\ 0 & 1 & -1 \end{bmatrix}$,

$(AB)^T = B^T A^T = \begin{bmatrix} 1 & 4 & 0 \\ 3 & 2 & 1 \\ 0 & 1 & -1 \end{bmatrix} \begin{bmatrix} 1 & 3 \\ 2 & -1 \\ 0 & 4 \end{bmatrix} = \begin{bmatrix} 9 & -1 \\ 7 & 11 \\ 2 & -5 \end{bmatrix}$.

习题 7−3

1.设 $A = \begin{bmatrix} 5 & -2 & 1 \\ 3 & 4 & -1 \end{bmatrix}$,$B = \begin{bmatrix} -3 & 2 & 0 \\ -2 & 0 & 1 \end{bmatrix}$,试求(1)$A+B$;(2)$A-B$;(3)$2A-5B$.

2.已知 $\begin{bmatrix} x & -2 \\ 7 & y \end{bmatrix} + \begin{bmatrix} 2y & -3 \\ -1 & -4x \end{bmatrix} = \begin{bmatrix} 5 & -5 \\ 6 & -2 \end{bmatrix}$,求元素 x,y 的值.

3.计算下列乘积.

(1)$\begin{bmatrix} 1 & 2 & 3 \end{bmatrix} \begin{bmatrix} 3 \\ 2 \\ 1 \end{bmatrix}$; 　　　　　(2)$\begin{bmatrix} 2 \\ 3 \\ -2 \end{bmatrix} \begin{bmatrix} 1 & -1 \end{bmatrix}$;

(3) $\begin{bmatrix} 1 & 2 & 1 \\ 2 & -1 & 0 \\ 1 & 1 & 0 \end{bmatrix} \begin{bmatrix} 0 & 1 & 0 \\ 2 & 1 & 0 \\ 0 & 2 & 1 \end{bmatrix}$;

(4) $\begin{bmatrix} 8 & 0 & -1 \\ 2 & 4 & 1 \\ -3 & -3 & 1 \end{bmatrix} \begin{bmatrix} 1 \\ -2 \\ 3 \end{bmatrix}$.

4. 已知 $A = \begin{bmatrix} 1 & 1 & 1 \\ -1 & 1 & 1 \\ 1 & -1 & 1 \end{bmatrix}$, $B = \begin{bmatrix} 1 & 2 & 1 \\ 1 & 3 & -1 \\ 2 & 1 & 4 \end{bmatrix}$, 求 $AB - BA$.

5. 已知 $A = \begin{bmatrix} 3 & 2 & 5 \\ 1 & 0 & -1 \\ 7 & 6 & 4 \end{bmatrix}$, $B = \begin{bmatrix} 2 & 6 & 3 \\ -5 & 1 & 4 \\ 6 & 0 & -7 \end{bmatrix}$, $C = \begin{bmatrix} 1 & 6 & 3 & 0 \\ 0 & 1 & 0 & 0 \\ 2 & 0 & 1 & 0 \end{bmatrix}$,

求 AB, BA, AC. 能否求 CA？

6. 设 $A = \begin{bmatrix} 2 & 1 & 4 \\ -3 & 0 & 2 \end{bmatrix}$, 求 AA^{T} 与 $A^{\mathrm{T}}A$.

第四节 逆矩阵与初等变换

本节的内容在矩阵理论及求解线性方程组的应用中占有重要的地位.

一、逆矩阵的概念

方阵是矩阵中的特殊情况,由于它的特殊性,有些矩阵运算只有方阵才能具有.

1. 方阵的幂

定义 1 k 个相同的 n 阶方阵连乘称为方阵 A 的 k 次幂,记为 A^k. 即 $A_n^{\,k} = \underbrace{A_n \cdot A_n \cdot \cdots \cdot A_n}_{k \text{个}}$.

规定 $k = 0$ 时 $A_n^{\,0} = E_n$.

方阵的幂运算满足以下运算规律:

(1) $A^k \cdot A^l = A^{k+l}$ (k,l 均为正整数); (2) $(A^k)^l = A^{kl}$; (3) 一般地, $(AB)^k \neq A^k \cdot B^k$.

2. 方阵的行列式

定义 2 由 n 阶方阵 A 的元素所构成的行列式,称为方阵 A 的行列式,记为 $|A|$ 或 $\det A$.

方阵的行列式运算满足以下规律:

(1) $|A^{\mathrm{T}}| = |A|$; (2) $|\lambda A| = \lambda^n |A|$; (3) $|AB| = |A| |B|$.

定义 3 由 n 阶方阵 A 的行列式 $|A|$ 的各元素的代数余子式 A_{ij} 构成的 n 阶方阵的转置矩

阵,称为 A 的**伴随矩阵**,记为 A^*, $A^* = \begin{bmatrix} A_{11} & A_{21} & \cdots & A_{n1} \\ A_{12} & A_{22} & \cdots & A_{n2} \\ \vdots & \vdots & & \vdots \\ A_{1n} & A_{2n} & \cdots & A_{nn} \end{bmatrix}$.

例 1 设矩阵 $A = \begin{bmatrix} 1 & 3 \\ 4 & 2 \end{bmatrix}$, 求 A^*.

解 $A_{11} = 2$, $A_{21} = -3$, $A_{12} = -4$, $A_{22} = 1$, 得 $A^* = \begin{bmatrix} 2 & -3 \\ -4 & 1 \end{bmatrix}$.

我们可以得到一个重要结论:对于任意方阵 A,都有 $AA^* = A^*A = |A|E_n$.

3. 逆矩阵

定义4 对于 n 阶方阵 A，如果存在 n 阶方阵 B，使得 $AB=BA=E_n$，方阵 A 称为可逆矩阵或非奇异矩阵，B 称为 A 的逆矩阵，记为 $B=A^{-1}$. 可逆矩阵是相互的，B 是 A 的逆矩阵，同样地，A 也是 B 的逆矩阵. A 和 B 是互为逆矩阵，即 $A=B^{-1}$，$B=A^{-1}$.

例如

$$A=\begin{bmatrix}2&5\\1&3\end{bmatrix}, B=\begin{bmatrix}3&-5\\-1&2\end{bmatrix},$$

$$AB=\begin{bmatrix}2&5\\1&3\end{bmatrix}\begin{bmatrix}3&-5\\-1&2\end{bmatrix}=\begin{bmatrix}1&0\\0&1\end{bmatrix}, BA=\begin{bmatrix}3&-5\\-1&2\end{bmatrix}\begin{bmatrix}2&5\\1&3\end{bmatrix}=\begin{bmatrix}1&0\\0&1\end{bmatrix}.$$

所以，A 和 B 是可逆矩阵.

逆矩阵具有以下性质：

(1)唯一性：n 阶方阵 A 如果可逆，其逆矩阵是唯一的；(2) $(A^{-1})^{-1}=A$；

(3) $(kA)^{-1}=\dfrac{1}{k}A^{-1}$；　(4) $(A^T)^{-1}=(A^{-1})^T$；　(5) $(AB)^{-1}=B^{-1}A^{-1}$.

该性质可以推广到有限个矩阵，设 $A,B,\cdots,C$ 都是可逆矩阵，则有 $(AB\cdots C)^{-1}=C^{-1}\cdots B^{-1}A^{-1}$.

现在给出方阵可逆的充要条件及逆矩阵的计算公式.

定理1　方阵可逆的充分必要条件

n 阶方阵 A 可逆的充分必要条件是 $|A|\neq0$，且 $A^{-1}=\dfrac{1}{|A|}A^*$.

证明 必要性

由已知 A 可逆，则存在一个 n 阶方阵 A^{-1}，使得 $AA^{-1}=A^{-1}A=E_n$.

又因为 $|AA^{-1}|=|A||A^{-1}|=|E_n|=1$，所以 $|A|\neq0$.

由伴随矩阵性质　$AA^*=A^*A=|A|E_n$，得　$A\cdot\dfrac{A^*}{|A|}=\dfrac{1}{|A|}\cdot|A|E_n=E_n.$

同理 $\dfrac{A^*}{|A|}\cdot A=\dfrac{1}{|A|}\cdot|A|E_n=E_n$，于是得 $A^{-1}=\dfrac{1}{|A|}A^*$.

充分性

设 $|A|\neq0AA^*=A^*A=|A|E_n$，$A\cdot\dfrac{A^*}{|A|}=\dfrac{A^*}{|A|}\cdot A=E_n.$

所以 A 可逆，且 $A^{-1}=\dfrac{1}{|A|}A^*$.

例2 已知矩阵 $A=\begin{bmatrix}2&1\\3&-5\end{bmatrix}$，求 A^{-1}.

解　$|A|=-13\neq0$，$A^*=\begin{bmatrix}-5&-1\\-3&2\end{bmatrix}$，所以　$A^{-1}=\dfrac{1}{|A|}A^*=\begin{bmatrix}\dfrac{5}{13}&\dfrac{1}{13}\\[2mm]\dfrac{3}{13}&-\dfrac{2}{13}\end{bmatrix}.$

例3 求线性方程组 $\begin{cases}x_1+2x_2+3x_3=1,\\2x_1+2x_2+5x_3=2,\\3x_1+5x_2+x_3=3\end{cases}$ 的解.

解 已知系数矩阵 $A = \begin{bmatrix} 1 & 2 & 3 \\ 2 & 2 & 5 \\ 3 & 5 & 1 \end{bmatrix}$，$x = \begin{bmatrix} x_1 \\ x_2 \\ x_3 \end{bmatrix}$，$b = \begin{bmatrix} 1 \\ 2 \\ 3 \end{bmatrix}$.

$$|A| = \begin{vmatrix} 1 & 2 & 3 \\ 2 & 2 & 5 \\ 3 & 5 & 1 \end{vmatrix} = 15 \neq 0,$$

$$A^{-1} = \frac{1}{15}\begin{bmatrix} -23 & 13 & 4 \\ 13 & -8 & 1 \\ 4 & 1 & -2 \end{bmatrix} = \begin{bmatrix} -\dfrac{23}{15} & \dfrac{13}{15} & \dfrac{4}{15} \\[2mm] \dfrac{13}{15} & -\dfrac{8}{15} & \dfrac{1}{15} \\[2mm] \dfrac{4}{15} & \dfrac{1}{15} & -\dfrac{2}{15} \end{bmatrix},$$

则
$$x = \begin{bmatrix} x_1 \\ x_2 \\ x_3 \end{bmatrix} = A^{-1}b = \begin{bmatrix} -\dfrac{23}{15} & \dfrac{13}{15} & \dfrac{4}{15} \\[2mm] \dfrac{13}{15} & -\dfrac{8}{15} & \dfrac{1}{15} \\[2mm] \dfrac{4}{15} & \dfrac{1}{15} & -\dfrac{2}{15} \end{bmatrix}\begin{bmatrix} 1 \\ 2 \\ 3 \end{bmatrix} = \begin{bmatrix} 1 \\ 0 \\ 0 \end{bmatrix}.$$

方程组的解为 $x_1 = 1, x_2 = 0, x_3 = 0$.

二、矩阵的初等变换

矩阵的初等变换是矩阵的一种最基本的运算，它有很多重要的应用. 下面我们介绍一些有关的知识.

1. 矩阵的初等变换

定义 5 下面三种对矩阵的变换，统称为矩阵的**初等行变换**.

(1)互换矩阵中两行的位置. 如果第 i,j 两行互换，记为 $r_i \leftrightarrow r_j$.

(2)用任意数 $k \neq 0$ 去乘矩阵的第 i 行，记为 kr_i.

(3)把矩阵的第 i 行的 k 倍加于第 j 行，其中 k 为任意数，记为 $kr_i + r_j$.

注：将定义 5 中的"行"换成"列"，就是矩阵**初等列变换**的定义，分别记为 $c_i \leftrightarrow c_j$（i,j 两列互换）；kc_i（用任意数 $k \neq 0$ 去乘矩阵的第 i 列）；$kc_i + c_j$（第 i 列的 k 倍加于第 j 列，数 $k \neq 0$）.

矩阵的初等行变换和初等列变换统称为矩阵的**初等变换**.

例 4 设矩阵 $A = \begin{bmatrix} 1 & 2 & 1 & -1 \\ 3 & 6 & -1 & -3 \\ 5 & 10 & 1 & -5 \end{bmatrix}$，对 A 施以行初等变换.

解 $\begin{bmatrix} 1 & 2 & 1 & -1 \\ 3 & 6 & -1 & -3 \\ 5 & 10 & 1 & -5 \end{bmatrix} \xrightarrow{-3r_1 + r_2} \begin{bmatrix} 1 & 2 & 1 & -1 \\ 0 & 0 & -4 & 0 \\ 5 & 10 & 1 & -5 \end{bmatrix}$

$$\xrightarrow{-5r_1+r_3} \begin{bmatrix} 1 & 2 & 1 & -1 \\ 0 & 0 & -4 & 0 \\ 0 & 0 & -4 & 0 \end{bmatrix} \xrightarrow{r_3-r_2} \begin{bmatrix} 1 & 2 & 1 & -1 \\ 0 & 0 & -4 & 0 \\ 0 & 0 & 0 & 0 \end{bmatrix}.$$

由例 4 我们看到矩阵 A 经过行初等变换化成矩阵 $\begin{bmatrix} 1 & 2 & 1 & -1 \\ 0 & 0 & -4 & 0 \\ 0 & 0 & 0 & 0 \end{bmatrix}$, 则称这种类型的矩

阵为**行阶梯形矩阵**. 其特点是：

(1) 每一行首位非零元素所在列的位置逐行增加；

(2) 零行在非零行下面.

如：$\begin{bmatrix} 0 & 1 & 7 & -5 & 1 \\ 0 & 0 & 1 & 0 & 4 \\ 0 & 0 & 0 & 2 & 1 \\ 0 & 0 & 0 & 0 & 3 \\ 0 & 0 & 0 & 0 & 0 \end{bmatrix}$ 和 $\begin{bmatrix} 1 & 0 & 5 & 0 \\ 0 & 1 & 2 & 1 \\ 0 & 0 & 0 & 7 \end{bmatrix}$ 都是行阶梯形矩阵.

而 $\begin{bmatrix} 0 & 0 & 1 \\ 0 & 1 & 0 \\ 1 & 0 & 1 \end{bmatrix}$ 和 $\begin{bmatrix} 4 & 5 & 6 & 7 \\ 3 & 0 & 1 & 4 \\ 1 & 0 & 0 & 0 \end{bmatrix}$ 是非行阶梯形矩阵.

如果对例 4 中的行阶梯形矩阵再进一步施以行变换, 可使它更加简化.

$$\begin{bmatrix} 1 & 2 & 1 & -1 \\ 0 & 0 & -4 & 0 \\ 0 & 0 & 0 & 0 \end{bmatrix} \xrightarrow{-\frac{1}{4}r_2} \begin{bmatrix} 1 & 2 & 1 & -1 \\ 0 & 0 & 1 & 0 \\ 0 & 0 & 0 & 0 \end{bmatrix} \xrightarrow{r_1-r_2} \begin{bmatrix} 1 & 2 & 0 & -1 \\ 0 & 0 & 1 & 0 \\ 0 & 0 & 0 & 0 \end{bmatrix}.$$

最后这个矩阵我们称为**行最简形矩阵**, 其特点是：

(1) 它满足行阶梯形矩阵特征, 是一个行阶梯形矩阵；

(2) 它每行中首位非零元素是 1, 而且首位非零元素所在列除 1 外其他元素都是零.

如：$\begin{bmatrix} 1 & 0 & 0 \\ 0 & 1 & 0 \\ 0 & 0 & 1 \end{bmatrix}$, $\begin{bmatrix} 1 & 0 & 2 & 0 \\ 0 & 1 & 1 & 0 \\ 0 & 0 & 0 & 1 \end{bmatrix}$, $\begin{bmatrix} 1 & 0 & 1 & -1 & 0 \\ 0 & 1 & 2 & 0 & -1 \\ 0 & 0 & 0 & 0 & 0 \end{bmatrix}$ 都是行最简形矩阵.

对于矩阵的初等变换有以下几点说明：

(1) 初等行变换可将任意 $m \times n$ 阶矩阵化为行阶梯形矩阵和行最简形矩阵.

(2) 初等行变换后的矩阵一般情况下与原矩阵不等, 所以, 一般要用"→"来连接变换前后的矩阵.

(3) 三种初等行变换都是可逆的. 即经变换后的矩阵再施以同类型的变换又会回到原矩阵.

如：$\begin{bmatrix} 3 & 7 & -4 \\ 1 & 0 & 9 \\ 4 & -6 & 1 \end{bmatrix} \xrightarrow{r_1 \leftrightarrow r_2} \begin{bmatrix} 1 & 0 & 9 \\ 3 & 7 & -4 \\ 4 & -6 & 1 \end{bmatrix} \xrightarrow{r_2 \leftrightarrow r_1} \begin{bmatrix} 3 & 7 & -4 \\ 1 & 0 & 9 \\ 4 & -6 & 1 \end{bmatrix},$

$$\begin{bmatrix} 1 & 2 \\ 4 & 5 \end{bmatrix} \xrightarrow{2r_1} \begin{bmatrix} 2 & 4 \\ 4 & 5 \end{bmatrix} \xrightarrow{\frac{1}{2}r_1} \begin{bmatrix} 1 & 2 \\ 4 & 5 \end{bmatrix}.$$

定义 6 如果矩阵 A 经有限次初等变换变成矩阵 B, 那么称 A 与 B **等价**, 记为 $A \sim B$. 如果

A_n 是可逆矩阵，那么 A_n 经过有限次初等变换可化成单位矩阵 E_n，所以 $A_n \sim E_n$.

等价矩阵具有下列性质：

(1) $A \sim A$；(2) 若 $A \sim B$，则 $B \sim A$；(3) 若 $A \sim B, B \sim C$，则 $A \sim C$.

例 5 将矩阵 $A = \begin{bmatrix} 1 & -2 & 3 \\ 2 & -1 & 2 \\ 3 & 1 & 2 \end{bmatrix}$ 化为行最简形矩阵.

解

$$\begin{bmatrix} 1 & -2 & 3 \\ 2 & -1 & 2 \\ 3 & 1 & 2 \end{bmatrix} \xrightarrow[-3r_1+r_3]{-2r_1+r_2} \begin{bmatrix} 1 & -2 & 3 \\ 0 & 3 & -4 \\ 0 & 7 & -7 \end{bmatrix} \xrightarrow{-7r_2+3r_3} \begin{bmatrix} 1 & -2 & 3 \\ 0 & 3 & -4 \\ 0 & 0 & 7 \end{bmatrix} \xrightarrow[\frac{1}{7}r_3]{\frac{1}{3}r_2}$$

$$\begin{bmatrix} 1 & -2 & 3 \\ 0 & 1 & -\frac{4}{3} \\ 0 & 0 & 1 \end{bmatrix} (\text{行阶梯形}) \xrightarrow{2r_2+r_1} \begin{bmatrix} 1 & 0 & \frac{1}{3} \\ 0 & 1 & -\frac{4}{3} \\ 0 & 0 & 1 \end{bmatrix} \xrightarrow[\frac{4}{3}r_3+r_2]{-\frac{1}{3}r_3+r_1} \begin{bmatrix} 1 & 0 & 0 \\ 0 & 1 & 0 \\ 0 & 0 & 1 \end{bmatrix} (\text{行最简形}),$$

从而得 $A \sim E_3$.

2. 初等方阵

定义 7 由单位矩阵经过一次的初等变换得到的方阵称为初等方阵.

因为初等变换只有 3 种，所以初等方阵也只有 3 种.

三个对行的初等变换对应着三个初等方阵分别记为：

(1) 互换 E 的 i,j 两行所得矩阵 E_{ij}.

(2) 用任意数 $k \neq 0$ 去乘 E 的第 i 行所得矩阵 $E_{i(k)}$.

(3) 把 E 第 i 行乘以 k 加于第 j 行所得矩阵 $E_{i(k)+j}$.

三个对列的初等变换对应着 3 个初等方阵分别记为：$C_{ij}, C_i(k), C_{i(k)+j}$.

用初等方阵左乘（或右乘）任意矩阵，可达到对其进行同类型初等行（或列）变换一样的效果. 现以任意 3×4 阶矩阵为例来说明这一点.

设 $A = \begin{bmatrix} a_{11} & a_{12} & a_{13} & a_{14} \\ a_{21} & a_{22} & a_{23} & a_{24} \\ a_{31} & a_{32} & a_{33} & a_{34} \end{bmatrix}$，又 3 阶行初等方阵 $E_{12} = \begin{bmatrix} 0 & 1 & 0 \\ 1 & 0 & 0 \\ 0 & 0 & 1 \end{bmatrix}$，

则 $E_{12}A = \begin{bmatrix} 0 & 1 & 0 \\ 1 & 0 & 0 \\ 0 & 0 & 1 \end{bmatrix} \begin{bmatrix} a_{11} & a_{12} & a_{13} & a_{14} \\ a_{21} & a_{22} & a_{23} & a_{24} \\ a_{31} & a_{32} & a_{33} & a_{34} \end{bmatrix} = \begin{bmatrix} a_{21} & a_{22} & a_{23} & a_{24} \\ a_{11} & a_{12} & a_{13} & a_{14} \\ a_{31} & a_{32} & a_{33} & a_{34} \end{bmatrix}$.

（实现 A 的第 1,2 两行对换）

又设 4 阶列初等方阵为 $C_{1(k)+3} = \begin{bmatrix} 1 & 0 & k & 0 \\ 0 & 1 & 0 & 0 \\ 0 & 0 & 1 & 0 \\ 0 & 0 & 0 & 1 \end{bmatrix}$，

则 $AC_{1(k)+3} = \begin{bmatrix} a_{11} & a_{12} & a_{13} & a_{14} \\ a_{21} & a_{22} & a_{23} & a_{24} \\ a_{31} & a_{32} & a_{33} & a_{34} \end{bmatrix} \begin{bmatrix} 1 & 0 & k & 0 \\ 0 & 1 & 0 & 0 \\ 0 & 0 & 1 & 0 \\ 0 & 0 & 0 & 1 \end{bmatrix} = \begin{bmatrix} a_{11} & a_{12} & ka_{11}+a_{13} & a_{14} \\ a_{21} & a_{22} & ka_{21}+a_{23} & a_{24} \\ a_{31} & a_{32} & ka_{31}+a_{33} & a_{34} \end{bmatrix}$.

（实现 A 的第 1 列乘 k 加于第 3 列）

定理 2　设 A 为任意 $m \times n$ 阶矩阵,用 m 阶初等方阵左乘矩阵 A,相当于对 A 作相应的初等行变换.用 n 阶初等方阵右乘矩阵 A,相当于对 A 作相应的初等列变换.

如:$A \xrightarrow{r_i \leftrightarrow r_j} B$,相当于 $B = E_{ij}A$.

$A \xrightarrow{kr_i + r_j} B$,相当于 $B = E_{i(k)+j}A$.

由定理 1 容易得到下列推论.

推论 1 如果 A 经过若干次初等行变换得到 B,那么,必有若干个初等方阵 $E_1,E_2,\cdots,E_k$ 使得 $B = E_1 \cdots E_k A$.

如果 A 经过若干次初等列变换得到 B,那么,必有若干个初等方阵 $C_1,C_2,\cdots,C_l$ 使得 $B = AC_1 \cdots C_L$.

如果 $A \sim B$,那么必有有限个初等方阵 $E_1,E_2,\cdots,E_k,C_1,C_2,\cdots,C_l$ 使得 $B = E_1 \cdots E_k AC_1 \cdots C_L$.

定理 3　任何一种初等方阵均有逆,且其逆为同一种类型的初等方阵.

说明,(1) $E_{ij}^{-1} = E_{ij}$;　(2) $E_i^{-1}(k) = E_i\left(\dfrac{1}{k}\right)$;　(3) $E_{i(k)+j}^{-1} = E_{i(-k)+j}$.

同理得,(1) $C_{ij}^{-1} = C_{ij}$;　(2) $C_i^{-1}(k) = C_i\left(\dfrac{1}{k}\right)$;　(3) $C_{i(k)+j}^{-1} = C_{i(-k)+j}$.

定理 4　设 A 是可逆矩阵,则它恒为若干个初等方阵之积.

根据定理 2 和定理 4 可得出一种求逆矩阵的方法.

用初等行变换法求逆矩阵：在 n 阶可逆方阵 A_n 的右边拼加一个同阶单位矩阵 E_n,得到一个 $n \times 2n$ 阶矩阵 $[A_n \vdots E_n]$,对 $[A_n \vdots E_n]$ 作初等行变换(注意只限于用初等行变换)将子块 A_n 化成 E_n,同时就将子块 E_n 化成了 A_n^{-1},即 $[A_n \vdots E_n] \longrightarrow$ **一系列初等行变换** $\longrightarrow [E_n \vdots A_n^{-1}]$.

例 6　已知矩阵 $A = \begin{bmatrix} 1 & 0 & 0 \\ 2 & 1 & 0 \\ -3 & 2 & 1 \end{bmatrix}$,求矩阵 A 的逆.

解　对矩阵 $[A \vdots E_3]$ 进行初等行变换

$$[A \vdots E_3] = \begin{bmatrix} 1 & 0 & 0 & \vdots & 1 & 0 & 0 \\ 2 & 1 & 0 & \vdots & 0 & 1 & 0 \\ -3 & 2 & 1 & \vdots & 0 & 0 & 1 \end{bmatrix} \xrightarrow[3r_1+r_3]{-2r_1+r_2} \begin{bmatrix} 1 & 0 & 0 & \vdots & 1 & 0 & 0 \\ 0 & 1 & 0 & \vdots & -2 & 1 & 0 \\ 0 & 2 & 1 & \vdots & 3 & 0 & 1 \end{bmatrix}$$

$$\xrightarrow{-2r_2+r_3} \begin{bmatrix} 1 & 0 & 0 & \vdots & 1 & 0 & 0 \\ 0 & 1 & 0 & \vdots & -2 & 1 & 0 \\ 0 & 0 & 1 & \vdots & 7 & -2 & 1 \end{bmatrix} = [E_3 \vdots A^{-1}],$$

故

$$A^{-1} = \begin{bmatrix} 1 & 0 & 0 \\ -2 & 1 & 0 \\ 7 & -2 & 1 \end{bmatrix}.$$

同样可用初等列变换法求逆矩阵,即 $\begin{bmatrix} A \\ \cdots \\ E \end{bmatrix} \longrightarrow$ 一系列初等列变换 $\longrightarrow \begin{bmatrix} E \\ \cdots \\ A^{-1} \end{bmatrix}.$

例 7　已知矩阵 $A = \begin{bmatrix} 2 & 3 \\ 4 & 1 \end{bmatrix}$,求矩阵 A 的逆.

解 对矩阵 $\begin{bmatrix} \boldsymbol{A} \\ \cdots \\ \boldsymbol{I}_2 \end{bmatrix}$ 施以初等列变换 $\begin{bmatrix} \boldsymbol{A} \\ \cdots \\ \boldsymbol{I}_2 \end{bmatrix} = \begin{bmatrix} 2 & 3 \\ 4 & 1 \\ \cdots & \cdots \\ 1 & 0 \\ 0 & 1 \end{bmatrix} \xrightarrow{\frac{1}{2}c_1} \begin{bmatrix} 1 & 3 \\ 2 & 1 \\ \cdots & \cdots \\ \frac{1}{2} & 0 \\ 0 & 1 \end{bmatrix} \xrightarrow{-3c_1+c_2}$

$$\begin{bmatrix} 1 & 0 \\ 2 & -5 \\ \cdots & \cdots \\ \frac{1}{2} & -\frac{3}{2} \\ 0 & 1 \end{bmatrix} \xrightarrow{-\frac{1}{5}c_2} \begin{bmatrix} 1 & 0 \\ 2 & 1 \\ \cdots & \cdots \\ \frac{1}{2} & \frac{3}{10} \\ 0 & -\frac{1}{5} \end{bmatrix} \xrightarrow{-2c_2+c_1} \begin{bmatrix} 1 & 0 \\ 0 & 1 \\ \cdots & \cdots \\ -\frac{1}{10} & \frac{3}{10} \\ \frac{2}{5} & -\frac{1}{5} \end{bmatrix} = \begin{bmatrix} \boldsymbol{I}_2 \\ \cdots \\ \boldsymbol{A}^{-1} \end{bmatrix},$$

故 $$\boldsymbol{A}^{-1} = \begin{bmatrix} -\frac{1}{10} & \frac{3}{10} \\ \frac{2}{5} & -\frac{1}{5} \end{bmatrix}.$$

3. 矩阵的秩

在前面我们定义了两个矩阵等价的概念,若 $\boldsymbol{A}$ 经若干次初等变换得到 $\boldsymbol{B}$,则 $\boldsymbol{A}$ 与 $\boldsymbol{B}$ 等价,即 $\boldsymbol{A} \sim \boldsymbol{B}$.那么,等价的矩阵之间有什么内在联系呢?矩阵的秩数即揭示了等价矩阵之间的共同特性,它是矩阵的一个非常重要的内在属性.

定义 8 在 $m \times n$ 阶矩阵 $\boldsymbol{A}$ 中,任取 k 行与 k 列,位于这些行、列交叉处的 k^2 个元素(不改变它们在 $\boldsymbol{A}$ 中所处的位置次序)所构成的 k 阶行列式,称为 $\boldsymbol{A}$ 的 k **阶子式**.

一个 $m \times n$ 阶矩阵应有 $C_m^k \cdot C_n^k$ 个 k 阶子式.

当 $\boldsymbol{A}$ 的所有元素都是零时,$\boldsymbol{A}$ 的任何子式都必然是零.当 $\boldsymbol{A}$ 中有一个元素不为零时,$\boldsymbol{A}$ 中至少有一个 1 阶子式非零,再看 $\boldsymbol{A}$ 的所有 2 阶子式,如果有非零的子式,再看 $\boldsymbol{A}$ 的所有 3 阶子式.这样下去,如果 $\boldsymbol{A}$ 至少有一个非零的 r 阶子式,而 $\boldsymbol{A}$ 的所有 $r+1$ 阶子式都是零.也即是 $\boldsymbol{A}$ 的最高阶非零子式的阶数为 r,r 揭示矩阵 $\boldsymbol{A}$ 的内在特性.

定义 9 在 $m \times n$ 阶矩阵 $\boldsymbol{A}$ 中,若非零子式的最高阶数为 r,则称 r 为**矩阵 $\boldsymbol{A}$ 的秩数**,记为 $R(\boldsymbol{A}) = r$.

如 $\boldsymbol{A} = \begin{bmatrix} 1 & -2 & 3 & 4 \\ 0 & 1 & 5 & 7 \\ 0 & 0 & 0 & 0 \end{bmatrix}$,$\boldsymbol{A}$ 中有非零的 2 阶子式,但它所有的 3 阶子式全为零,

故 $R(\boldsymbol{A}) = 2$.

由定义可知:

(1)若 $\boldsymbol{A}$ 是零矩阵,则 $R(\boldsymbol{A}) = 0$;

(2)若 $\boldsymbol{A}$ 是 $m \times n$ 阶非零矩阵,则 $1 \leqslant R(\boldsymbol{A}) \leqslant \min(m, n)$;

(3)$R(\boldsymbol{A}) = r \Leftrightarrow \boldsymbol{A}$ 中至少有一个非零的 r 阶子式,而 $\boldsymbol{A}$ 的所有 $r+1$ 阶子式(如果存在的话)都是零;

(4)阶梯形矩阵的秩等于它的非零行的个数.

定理 5 等价的矩阵有相同的秩.

此定理为我们提供了求矩阵秩数的方法如下：

先利用初等行变换将矩阵 A 化为行阶梯形矩阵 B，再根据 B 的秩数等于其非零行的行数，即求得 $R(B)$. 又知 $A \sim B$，所以，$R(A) = R(B)$.

例 8 求 $A = \begin{bmatrix} 1 & 2 & 0 & -1 \\ 2 & 6 & -3 & -3 \\ 3 & 10 & -6 & -5 \end{bmatrix}$ 的秩数.

解 对 A 进行初等行变换

$$\begin{bmatrix} 1 & 2 & 0 & -1 \\ 2 & 6 & -3 & -3 \\ 3 & 10 & -6 & -5 \end{bmatrix} \xrightarrow[-3r_1+r_3]{-2r_1+r_2} \begin{bmatrix} 1 & 2 & 0 & -1 \\ 0 & 2 & -3 & -1 \\ 0 & 4 & -6 & -2 \end{bmatrix} \xrightarrow{-2r_2+r_3} \begin{bmatrix} 1 & 2 & 0 & -1 \\ 0 & 2 & -3 & -1 \\ 0 & 0 & 0 & 0 \end{bmatrix} = B.$$

B 是行阶梯形矩阵，其非零行数为 2，即得 $R(B) = 2$.

再由定理得 $R(A) = R(B) = 2$.

特别地，当 $R(A) = m$ 时，称 A 为**行满秩矩阵**；当 $R(A) = n$ 时，称 A 为**列满秩矩阵**.

当 A 是 n 阶方阵，又 $R(A) = n$ 时，称 A 为**满秩矩阵**.

可见，单位矩阵是满秩矩阵.

习题 7-4

1. 求下列矩阵的伴随矩阵.

(1) $\begin{bmatrix} 4 & 6 \\ -2 & -3 \end{bmatrix}$;

(2) $\begin{bmatrix} 1 & 2 & -1 \\ 3 & 4 & 2 \\ 5 & -4 & 1 \end{bmatrix}$.

2. 判别下列方阵是否可逆？若可逆，则求出逆矩阵.

(1) $\begin{bmatrix} 1 & 2 \\ 2 & 5 \end{bmatrix}$;

(2) $\begin{bmatrix} \cos\theta & -\sin\theta \\ \sin\theta & \cos\theta \end{bmatrix}$;

(3) $\begin{bmatrix} 0 & 1 & 0 \\ 1 & 0 & 0 \\ 0 & 0 & 1 \end{bmatrix}$;

(4) $\begin{bmatrix} 1 & 2 & -3 \\ 0 & 1 & 2 \\ 0 & 0 & 1 \end{bmatrix}$.

3. 设 $A = \begin{bmatrix} 1 & 0 & 0 \\ 2 & 2 & 0 \\ 3 & 4 & 5 \end{bmatrix}$，$A^*$ 为 A 的伴随矩阵，求 $(A^*)^{-1}$.

4. 利用逆矩阵求解下列线性方程组.

(1) $\begin{cases} 2x_1 - x_2 = 1, \\ 4x_1 + 5x_2 = 2; \end{cases}$

(2) $\begin{cases} x_1 + 2x_2 + 3x_3 = 0, \\ 2x_1 + 2x_2 + x_3 = 1, \\ 3x_1 + 4x_2 + 3x_3 = 0. \end{cases}$

5. 化下列矩阵为行阶梯形矩阵.

(1) $\begin{bmatrix} 1 & 4 \\ -2 & 3 \end{bmatrix}$;

(2) $\begin{bmatrix} 3 & 1 & 0 & 2 \\ 1 & -1 & 2 & -1 \\ 1 & 3 & -4 & 4 \end{bmatrix}$;

(3) $\begin{bmatrix} 1 & 1 & 2 & 2 & 1 \\ 0 & 2 & 1 & 5 & -1 \\ 2 & 0 & 3 & -1 & 3 \\ 1 & 1 & 0 & 4 & -1 \end{bmatrix}$.

6. 化下列矩阵为行最简形矩阵.

(1) $\begin{bmatrix} 6 & 3 & -4 \\ -4 & 1 & 6 \\ 1 & 2 & -5 \end{bmatrix}$;　(2) $\begin{bmatrix} 1 & 1 & 3 & -2 \\ 2 & 1 & -4 & 3 \\ 2 & 3 & 2 & -1 \end{bmatrix}$;　(3) $\begin{bmatrix} 1 & 1 & 1 & 1 & 1 & 2 \\ 1 & 1 & 1 & 2 & 2 & 3 \\ 1 & 1 & 1 & 2 & 3 & 2 \end{bmatrix}$.

7. 设 $A = \begin{bmatrix} 1 & 2 & -3 \\ 4 & -1 & 2 \end{bmatrix}$, 求 $E_{12}AC_{3(k)}$.

8. 利用初等行变换求下列矩阵的逆矩阵.

(1) $\begin{bmatrix} 3 & 2 \\ 7 & 5 \end{bmatrix}$;　(2) $\begin{bmatrix} -1 & 2 & -3 \\ 2 & 1 & 0 \\ 4 & -2 & 5 \end{bmatrix}$;　(3) $\begin{bmatrix} 1 & 2 & 1 & -1 \\ 0 & 1 & -1 & 1 \\ 0 & 0 & 1 & 1 \\ 0 & 0 & 0 & 1 \end{bmatrix}$.

9. 求下列矩阵的秩.

(1) $\begin{bmatrix} 0 & 0 & 1 \\ 2 & 1 & 1 \\ 1 & 0 & -1 \end{bmatrix}$;　(2) $\begin{bmatrix} 3 & 1 & 0 & 2 \\ 1 & -1 & 2 & -1 \\ 1 & 3 & -4 & 4 \end{bmatrix}$;　(3) $\begin{bmatrix} 1 & 3 & 1 & -2 & -3 \\ 1 & 4 & 3 & -1 & -4 \\ 2 & 3 & -4 & -8 & -3 \\ 3 & 8 & 1 & -5 & -8 \end{bmatrix}$.

第五节　一般线性方程组的求解

线性方程组的一般形式为

$$\begin{cases} a_{11}x_1 + a_{12}x_2 + \cdots + a_{1n}x_n = b_1, \\ a_{21}x_1 + a_{22}x_2 + \cdots + a_{2n}x_n = b_2, \\ \quad\quad\quad\quad\vdots \\ a_{m1}x_1 + a_{m2}x_2 + \cdots + a_{mn}x_n = b_m. \end{cases} \quad\quad (7-2)$$

还可以表示为　$Ax = b$, 其中

$$A_{m \times n} = \begin{bmatrix} a_{11} & a_{12} & \cdots & a_{1n} \\ a_{21} & a_{22} & \cdots & a_{2n} \\ \vdots & \vdots & & \vdots \\ a_{m1} & a_{m2} & \cdots & a_{mn} \end{bmatrix}$$ 被称为 **系数矩阵**.

$$[A \vdots b] = \begin{bmatrix} a_{11} & a_{12} & \cdots & a_{1n} & \vdots & b_1 \\ \vdots & \vdots & & \vdots & \vdots & \vdots \\ a_{m1} & a_{m2} & \cdots & a_{mn} & \vdots & b_m \end{bmatrix}$$ 被称为 **增广矩阵**.

$$x = \begin{bmatrix} x_1 \\ \vdots \\ x_n \end{bmatrix}, \quad b = \begin{bmatrix} b_1 \\ \vdots \\ b_m \end{bmatrix}.$$

当 $b = 0$ 时, 称方程组 $Ax = 0$ 为齐次线性方程组.

当 $b \neq 0$ 时, 称方程组 $Ax = b$ 为非齐次线性方程组.

如: $\begin{cases} x_1 + 2x_2 = 5, \\ 3x_1 + 2x_2 = 7, \end{cases}$ 系数矩阵 $A = \begin{bmatrix} 1 & 2 \\ 3 & 2 \end{bmatrix}$, $b = \begin{bmatrix} 5 \\ 7 \end{bmatrix}$, 是非齐次线性方程组.

$$\begin{cases} x_1 - 2x_2 + 3x_3 = 0, \\ 2x_1 - 4x_2 + 6x_3 = 0, \\ x_1 - 4x_3 = 0, \end{cases} \quad 系数矩阵 \boldsymbol{B} = \begin{bmatrix} 1 & -2 & 3 \\ 2 & -4 & 6 \\ 1 & 0 & -4 \end{bmatrix}, \boldsymbol{b} = \begin{bmatrix} 0 \\ 0 \\ 0 \end{bmatrix}, 是齐次线性方程组.$$

前面我们介绍了利用行列式性质讨论线性方程组的解,这一节介绍利用矩阵的性质来讨论线性方程组的解.

从矩阵的角度出发,我们可利用初等行变换将 $[\boldsymbol{A} \vdots \boldsymbol{b}]$ 化为更简单的矩阵 $[\boldsymbol{B} \vdots \boldsymbol{d}]$,可验证这种变换过程不会影响方程组的解.

定理 1 设线性方程组(7-2)的增广矩阵 $[\boldsymbol{A} \vdots \boldsymbol{b}]$ 可由初等行变换化为 $[\boldsymbol{B} \vdots \boldsymbol{d}]$,则 $\boldsymbol{Ax} = \boldsymbol{b}$ 与 $\boldsymbol{Bx} = \boldsymbol{d}$ 是同解的方程组.(证略)

注:如果是齐次线性方程组 $\boldsymbol{b} = 0$,只需对其系数矩阵进行初等行变换.

由定理可知求解线性方程组无论是齐次或非齐次线性方程组,首先将其系数矩阵或增广矩阵 $[\boldsymbol{A} \vdots \boldsymbol{b}]$ 施以初等行变换化简成为行最简形矩阵,再利用系数矩阵的秩数讨论其解.下面分别讨论齐次线性方程组和非齐次线性方程组解的情况.

一、齐次线性方程组的解

定理 2 齐次线性方程组 $\boldsymbol{A}_{m \times n} x_n = 0$ 有非零解的充分必要条件是 $R(\boldsymbol{A}) < n$.(证明略)

例 1 求解齐次线性方程组 $\begin{cases} x_1 + x_2 - x_3 = 0, \\ 2x_1 + 4x_2 - x_3 = 0, \\ 3x_1 + 2x_2 + 2x_3 = 0. \end{cases}$

解 系数矩阵 $\boldsymbol{A} = \begin{bmatrix} 1 & 1 & -1 \\ 2 & 4 & -1 \\ 3 & 2 & 2 \end{bmatrix}$,将 $\boldsymbol{A}$ 施以初等行变换

$$\begin{bmatrix} 1 & 1 & -1 \\ 2 & 4 & -1 \\ 3 & 2 & 2 \end{bmatrix} \xrightarrow[-3r_1 + r_3]{-2r_1 + r_2} \begin{bmatrix} 1 & 1 & -1 \\ 0 & 2 & 1 \\ 0 & -1 & 5 \end{bmatrix} \xrightarrow{\frac{1}{2}r_2} \begin{bmatrix} 1 & 1 & -1 \\ 0 & 1 & \frac{1}{2} \\ 0 & -1 & 5 \end{bmatrix}$$

$$\xrightarrow[r_2 + r_3]{-r_2 + r_1} \begin{bmatrix} 1 & 0 & -\frac{3}{2} \\ 0 & 1 & \frac{1}{2} \\ 0 & 0 & \frac{11}{2} \end{bmatrix} \longrightarrow \begin{bmatrix} 1 & 0 & 0 \\ 0 & 1 & 0 \\ 0 & 0 & 1 \end{bmatrix} = \boldsymbol{E}.$$

可知 $R(\boldsymbol{E}) = 3$,方程组 $\boldsymbol{Ex} = 0$ 只有零解.

又知方程组 $\boldsymbol{Ax} = 0$ 与方程组 $\boldsymbol{Ex} = 0$ 同解,所以 $\boldsymbol{Ax} = 0$ 只有零解.

例 2 求解齐次线性方程组 $\begin{cases} x_1 + 2x_2 + x_3 - x_4 = 0, \\ 3x_1 + 6x_2 - x_3 - 3x_4 = 0, \\ 5x_1 + 10x_2 + x_3 - 5x_4 = 0. \end{cases}$

解 系数矩阵 $\boldsymbol{A} = \begin{bmatrix} 1 & 2 & 1 & -1 \\ 3 & 6 & -1 & -3 \\ 5 & 10 & 1 & -5 \end{bmatrix}$,

将 A 施以初等行变换

$$\begin{bmatrix} 1 & 2 & 1 & -1 \\ 3 & 6 & -1 & -3 \\ 5 & 10 & 1 & -5 \end{bmatrix} \xrightarrow[-5r_1+r_3]{-3r_1+r_2} \begin{bmatrix} 1 & 2 & 1 & -1 \\ 0 & 0 & -4 & 0 \\ 0 & 0 & -4 & 0 \end{bmatrix} \xrightarrow{r_3-r_2} \begin{bmatrix} 1 & 2 & 1 & -1 \\ 0 & 0 & -4 & 0 \\ 0 & 0 & 0 & 0 \end{bmatrix}$$

$$\xrightarrow{-\frac{1}{4}r_2} \begin{bmatrix} 1 & 2 & 1 & -1 \\ 0 & 0 & 1 & 0 \\ 0 & 0 & 0 & 0 \end{bmatrix} \xrightarrow{r_1-r_2} \begin{bmatrix} 1 & 2 & 0 & -1 \\ 0 & 0 & 1 & 0 \\ 0 & 0 & 0 & 0 \end{bmatrix} = \boldsymbol{B}.$$

$\boldsymbol{B}$ 为行最简形矩阵，$R(\boldsymbol{B})=2<4$，由定理 2 知，$\boldsymbol{B}x=0$ 有非零解，

$\boldsymbol{B}$ 所对应的方程组为 $\begin{cases} x_1+2x_2-x_4=0, \\ \quad\quad\ x_3=0. \end{cases}$

这个方程中有 4 个未知量，2 个方程，故应有 $4-2=2$ 个自由未知量.

设 $x_2=c_1$，$x_4=c_2$（c_1,c_2 为任意常数），则有

$$\begin{cases} x_1=-2c_1+c_2, \\ x_2=c_1, \\ x_3=0, \\ x_4=c_2. \end{cases}$$

此解是方程组 $\boldsymbol{B}x=0$ 的通解，再由定理 1 知，它也是方程组 $\boldsymbol{A}x=0$ 的通解.

二、非齐次线性方程组的解

对于非齐次线性方程组 $\boldsymbol{A}_{m \times n} \boldsymbol{x}_n = \boldsymbol{b}$，如果系数矩阵 $\boldsymbol{A}$ 是可逆矩阵（或满秩矩阵），其解即为 $\boldsymbol{x} = \boldsymbol{A}^{-1}\boldsymbol{b}$. 如果系数矩阵 $\boldsymbol{A}$ 是非满秩矩阵，其解的情形较复杂，可能无解，可能有唯一解，也可能有无穷多个解.

定理 3 对于非齐次线性方程组 $\boldsymbol{A}_{m \times n} \boldsymbol{x}_n = \boldsymbol{b}$ 有解的充分必要条件是 $R(\boldsymbol{A})=R[\boldsymbol{A} \vdots \boldsymbol{b}]$. （证明略）

即：当 $R(\boldsymbol{A})=R[\boldsymbol{A} \vdots \boldsymbol{b}]=n$ 时，方程组有唯一解.

当 $R(\boldsymbol{A})=R[\boldsymbol{A} \vdots \boldsymbol{b}]<n$ 时，方程组有无穷多个解.

当 $R(\boldsymbol{A})<R[\boldsymbol{A} \vdots \boldsymbol{b}]$ 时，方程组无解.

例 3 求解非齐次线性方程组 $\begin{cases} 2x+y-2z=10, \\ 3x+2y+2z=1, \\ 5x+4y+3z=4. \end{cases}$

解 其增广矩阵为 $[\boldsymbol{A} \vdots \boldsymbol{b}] = \begin{bmatrix} 2 & 1 & -2 & \vdots & 10 \\ 3 & 2 & 2 & \vdots & 1 \\ 5 & 4 & 3 & \vdots & 4 \end{bmatrix}$,

将 $[\boldsymbol{A} \vdots \boldsymbol{b}]$ 进行初等行变换

$$\begin{bmatrix} 2 & 1 & -2 & \vdots & 10 \\ 3 & 2 & 2 & \vdots & 1 \\ 5 & 4 & 3 & \vdots & 4 \end{bmatrix} \xrightarrow[2r_3-5r_1]{2r_2-3r_1} \begin{bmatrix} 2 & 1 & -2 & \vdots & 10 \\ 0 & 1 & 10 & \vdots & -28 \\ 0 & 3 & 16 & \vdots & -42 \end{bmatrix} \xrightarrow{-3r_2+r_3} \begin{bmatrix} 2 & 1 & -2 & \vdots & 10 \\ 0 & 1 & 10 & \vdots & -28 \\ 0 & 0 & -14 & \vdots & 42 \end{bmatrix} = \boldsymbol{B}.$$

$\boldsymbol{B}$ 是行阶梯形矩阵，$R(\boldsymbol{B})=3$，即 $R[\boldsymbol{A} \vdots \boldsymbol{b}]=3$.

由于 $R(\boldsymbol{A})=R[\boldsymbol{A} \vdots \boldsymbol{b}]=3=n$，可得方程组有唯一解.

再将 B 化为行最简形矩阵

$$\begin{bmatrix} 2 & 1 & -2 & \vdots & 10 \\ 0 & 1 & 10 & \vdots & -28 \\ 0 & 0 & -14 & \vdots & 42 \end{bmatrix} \xrightarrow[\frac{1}{2}r_1]{-\frac{1}{14}r_3} \begin{bmatrix} 1 & \frac{1}{2} & -1 & \vdots & 5 \\ 0 & 1 & 10 & \vdots & -28 \\ 0 & 0 & 1 & \vdots & -3 \end{bmatrix} \xrightarrow[r_2-10r_3]{r_1+r_3} \begin{bmatrix} 1 & \frac{1}{2} & 0 & \vdots & 2 \\ 0 & 1 & 0 & \vdots & 2 \\ 0 & 0 & 1 & \vdots & -3 \end{bmatrix}$$

$$\xrightarrow{-\frac{1}{2}r_2+r} \begin{bmatrix} 1 & 0 & 0 & \vdots & 1 \\ 0 & 1 & 0 & \vdots & 2 \\ 0 & 0 & 1 & \vdots & -3 \end{bmatrix} = C.$$

C 是行最简形矩阵, 其对应的方程组解为 $\begin{cases} x=1, \\ y=2, \\ z=-3. \end{cases}$

方程组 $Ax=b$ 与之同解. 所以 $Ax=b$ 有唯一解 $x=1, y=2, z=-3$.

例 4 求解非齐次线性方程组 $\begin{cases} x+2y-3z=6, \\ 2x-y+4z=2, \\ 4x+3y-2z=14. \end{cases}$

解 其增广矩阵 $[A \vdots b] = \begin{bmatrix} 1 & 2 & -3 & \vdots & 6 \\ 2 & -1 & 4 & \vdots & 2 \\ 4 & 3 & -2 & \vdots & 14 \end{bmatrix}$,

将 $[A \vdots b]$ 进行初等行变换

$$\begin{bmatrix} 1 & 2 & -3 & \vdots & 6 \\ 2 & -1 & 4 & \vdots & 2 \\ 4 & 3 & -2 & \vdots & 14 \end{bmatrix} \xrightarrow[-4r_1+r_3]{-2r_1+r_2} \begin{bmatrix} 1 & 2 & -3 & \vdots & 6 \\ 0 & -5 & 10 & \vdots & -10 \\ 0 & -5 & 10 & \vdots & -10 \end{bmatrix} = B.$$

由于 $R(A)=R(B)=2<3$, 可得方程组有无穷多解. 再将 B 化为行最简形矩阵

$$\begin{bmatrix} 1 & 2 & -3 & \vdots & 6 \\ 0 & 1 & -2 & \vdots & 2 \\ 0 & 1 & -2 & \vdots & 2 \end{bmatrix} \xrightarrow{r_3-r_2} \begin{bmatrix} 1 & 2 & -3 & \vdots & 6 \\ 0 & 1 & -2 & \vdots & 2 \\ 0 & 0 & 0 & \vdots & 0 \end{bmatrix} \xrightarrow{-2r_2+r_1} \begin{bmatrix} 1 & 0 & 1 & \vdots & 2 \\ 0 & 1 & -2 & \vdots & 2 \\ 0 & 0 & 0 & \vdots & 0 \end{bmatrix} = C.$$

C 所对应的方程组为 $\begin{cases} x+z=2, \\ y-2z=2. \end{cases}$

这个方程组中有 3 个未知量, 2 个方程, 故应有 1 个自由未知量.

设 $z=c$ (c 为任意常数), $\begin{cases} x=2-c, \\ y=2+2c, \\ z=c. \end{cases}$

所以, 方程组有无穷多个解, 其通解为 $x=2-c, y=2+2c, z=c$.

例 5 求解方程组 $\begin{cases} x_1-2x_2+3x_3-x_4+2x_5=2, \\ 3x_1-x_2+5x_3-3x_4-x_5=6, \\ 2x_1+x_2+2x_3-2x_4-3x_5=8, \\ 3x_2-4x_3+5x_4+x_5=7. \end{cases}$

解 其增广矩阵为 $[A \vdots b] = \begin{bmatrix} 1 & -2 & 3 & -1 & 2 & \vdots & 2 \\ 3 & -1 & 5 & -3 & -1 & \vdots & 6 \\ 2 & 1 & 2 & -2 & -3 & \vdots & 8 \\ 0 & 3 & -4 & 5 & 1 & \vdots & 7 \end{bmatrix}$,

将 $[A \vdots b]$ 进行初等行变换

$$\begin{bmatrix} 1 & -2 & 3 & -1 & 2 & \vdots & 2 \\ 3 & -1 & 5 & -3 & -1 & \vdots & 6 \\ 2 & 1 & 2 & -2 & -3 & \vdots & 8 \\ 0 & 3 & -4 & 5 & 1 & \vdots & 7 \end{bmatrix} \xrightarrow[-2r_1+r_2]{-3r_1+r_2} \begin{bmatrix} 1 & -2 & 3 & -1 & 2 & \vdots & 2 \\ 0 & 5 & -4 & 0 & -7 & \vdots & 0 \\ 0 & 5 & -4 & 0 & -7 & \vdots & 4 \\ 0 & 3 & -4 & 5 & 1 & \vdots & 7 \end{bmatrix} = B.$$

观察 B 的第 2 行，第 3 行，即可看出：$R(A)=3$.

而 $R(B)=R[A \vdots b]=4, R(A)<R[A \vdots b]$，所以方程组无解.

例 6 确定 λ 的值，使下列线性方程组 $\begin{cases} x_1+x_2-x_3=1, \\ 2x_1+3x_2+\lambda x_3=3, \\ x_1+\lambda x_2+3x_3=2, \end{cases}$

(1)有唯一解；(2)有无穷多解；(3)无解.

解 方程组增广矩阵为 $[A \vdots b] = \begin{bmatrix} 1 & 1 & -1 & \vdots & 1 \\ 2 & 3 & 1 & \vdots & 3 \\ 1 & \lambda & 3 & \vdots & 2 \end{bmatrix}$,

$[A \vdots b]$ 进行初等行变换化为行阶梯形矩阵，

$$\begin{bmatrix} 1 & 1 & -1 & \vdots & 1 \\ 2 & 3 & 1 & \vdots & 3 \\ 1 & \lambda & 3 & \vdots & 2 \end{bmatrix} \xrightarrow[-r_1+r_3]{-2r_1+r_2} \begin{bmatrix} 1 & 1 & -1 & \vdots & 1 \\ 0 & 1 & 2+\lambda & \vdots & 1 \\ 0 & \lambda-1 & 4 & \vdots & 1 \end{bmatrix}$$

$$\xrightarrow[-(\lambda-1)r_2+r_3]{-r_2+r_1} \begin{bmatrix} 1 & 0 & -3-\lambda & \vdots & 0 \\ 0 & 1 & 2+\lambda & \vdots & 1 \\ 0 & 0 & -(\lambda+3)(\lambda-2) & \vdots & -\lambda+2 \end{bmatrix} = B.$$

由此可得：

如果 $\lambda \neq -3$ 和 $\lambda \neq 2$，则 $R(A)=R[A \vdots b]=3$，方程组有唯一解.

如果 $\lambda=2$，则 $B = \begin{bmatrix} 1 & 0 & -5 & \vdots & 0 \\ 0 & 1 & 4 & \vdots & 1 \\ 0 & 0 & 0 & \vdots & 0 \end{bmatrix}$.

因此 $R(A)=R[A \vdots b]=2<3$，方程组有无穷多个解.

如果 $\lambda=-3$，则 $B = \begin{bmatrix} 1 & 0 & 0 & \vdots & 0 \\ 0 & 1 & -1 & \vdots & 1 \\ 0 & 0 & 0 & \vdots & 5 \end{bmatrix}$.

因此 $R(A)=2<R[A \vdots b]=3$，方程组无解.

习题 7—5

1. 求解齐次线性方程组.

(1) $\begin{cases} x_1+x_2+2x_3-x_4=0, \\ 2x_1+x_2+x_3-x_4=0, \\ 2x_1+2x_2+x_3+2x_4=0; \end{cases}$
(2) $\begin{cases} x_1+2x_2+x_3-x_4=0, \\ 3x_1+6x_2-x_3-3x_4=0, \\ 5x_1+10x_2+x_3-5x_4=0; \end{cases}$

(3) $\begin{cases} 2x_1+3x_2-x_3+5x_4=0, \\ 3x_1+x_2+2x_3-7x_4=0, \\ 4x_1+x_2-3x_3+6x_4=0, \\ x_1-2x_2+4x_3-7x_4=0. \end{cases}$

2. 求解非齐次线性方程组.

(1) $\begin{cases} 4x_1+2x_2-x_3=2, \\ 3x_1-x_2+2x_3=10, \\ 11x_1+3x_2=8; \end{cases}$
(2) $\begin{cases} 2x_1+3x_2+x_3=4, \\ x_1-2x_2+4x_3=-5, \\ 3x_1+8x_2-2x_3=13, \\ 4x_1-x_2+9x_3=-6; \end{cases}$

(3) $\begin{cases} 2x_1+x_2-x_3+x_4=1, \\ 4x_1+2x_2-2x_3+x_4=2, \\ 2x_1+x_2-x_3+x_4=1. \end{cases}$

3. 确定 λ 的值, 使下列线性方程组 $\begin{cases} \lambda x_1+x_2+x_3=1, \\ x_1+\lambda x_2+x_3=\lambda, \\ x_1+x_2+\lambda x_3=\lambda^2, \end{cases}$

(1)有唯一解; (2)有无穷多解; (3)无解.

4. 已知方程组 $\begin{cases} x_1+2x_2-3x_3=a, \\ 2x_1+6x_2-11x_3=b, \\ x_1-2x_2+7x_3=c, \end{cases}$ 问: a, b, c 为何值时, 方程组有解?

※ 第六节 应用与实践七

本节列举两个实际问题, 以说明矩阵及线性方程组的应用. 这些问题中的计算均可利用 MATLAB 软件来完成.

一、应用

例 1 互付工资问题

现有一个木工, 一个电工和一个油漆工, 他们相互装修自己的房子, 有协议如下:

(1)每人总共工作 10 天(包括在自己家干活),

(2)每人的日工资根据一般的市价在 60~80 元,

(3)日工资数应使每人的总收入与总支出相等,

求每人的日工资.

地点＼天数＼工人	木工	电工	油漆工
木工家	2	1	6
电工家	4	5	1
油漆工家	4	4	3

解 分析问题并建立模型.

以 x_1 表示木工的日工资，以 x_2 表示电工的日工资，以 x_3 表示油漆工的日工资. 木工的 10 个工作日总收入为 $10x_1$，木工、电工及油漆工三人在木工家工作的天数分别为：2 天、1 天、6 天，则木工的总支出为 $2x_1+x_2+6x_3$. 由于木工的总支出与总收入要相等，于是木工的收支平衡关系可描述为 $2x_1+x_2+6x_3=10x_1$.

同理，可以分别建立描述电工及油漆工各自的收支平衡关系的两个等式：

$$4x_1+5x_2+x_3=10x_2, \quad 4x_1+4x_2+3x_3=10x_3.$$

联立三个方程得方程组：

$$\begin{cases} 2x_1+x_2+6x_3=10x_1, \\ 4x_1+5x_2+x_3=10x_2, \\ 4x_1+4x_2+3x_3=10x_3. \end{cases}$$

整理，得三人的日工资数应满足的齐次线性方程组：

$$\begin{cases} -8x_1+x_2+6x_3=0, \\ 4x_1-5x_2+x_3=0, \\ 4x_1+4x_2-7x_3=0. \end{cases}$$

解方程组

由系数阵 $\boldsymbol{A}=\begin{bmatrix} -8 & 1 & 6 \\ 4 & -5 & 1 \\ 4 & 4 & -7 \end{bmatrix} \xrightarrow[\substack{r_3-r_1 \\ r_3+r_2}]{\substack{r_1\leftrightarrow r_2 \\ r_2+2r_1}} \begin{bmatrix} 4 & -5 & 1 \\ 0 & -9 & 8 \\ 0 & 0 & 0 \end{bmatrix} \xrightarrow[\substack{r_1+5r_2 \\ r_2\times\left(\frac{1}{4}\right)}]{r_2\times\left(-\frac{1}{9}\right)} \begin{bmatrix} 1 & 0 & -\frac{31}{36} \\ 0 & 1 & -\frac{8}{9} \\ 0 & 0 & 0 \end{bmatrix}$

得上面齐次线性方程组的一般解为 $\begin{bmatrix} x_1 \\ x_2 \\ x_3 \end{bmatrix}=k\begin{bmatrix} \frac{31}{36} \\ \frac{8}{9} \\ 1 \end{bmatrix}$，其中 k 为任意实数.

最后，由于每个工人的日工资在 $60\sim80$ 元，故选择 $k=72$，以确定木工、电工及油漆工每人每天的日工资：$x_1=62, x_2=64, x_3=72$.

结果分析

求解齐次线性方程组并不是太困难，根据工作天数的分配方案表建立线性方程组也比较容易，这类问题的关键是要设计合理的工作天数分配方案表，使得最后计算出的每一个工人的日工资数基本上均等，或相差不是太大，同时还要与市价的日工资基本上相符合.

例2　加密问题

密码法是一种信息编码与解码的技巧. 下面就是使用代码子表和可逆矩阵加密将要转换的信息的实际操作过程.

首先,用一系列数字代表特定的字母,如下图为一个最基本的代码子表.

字母	a	b	c	d	e	f	g	i	j	k	l	m	n
数字	1	2	3	4	5	6	7	9	10	11	12	13	14
字母	o	p	q	r	s	t	u	w	x	y	z	Space	
数字	15	16	17	18	19	20	21	23	24	25	26	0	

假设我们要发送一条信息:braised pork,使用上述代码,则应发送:2,18,1,9,19,5,4,0,17,15,18,11. 这种编码很容易编解,但也很容易被截获者破译. 为此我们选取一个密钥矩阵(即只有信息交流双方才知道的矩阵 A)要求密钥矩阵可逆,且矩阵的行列式值为 ± 1.

例如选取矩阵 A

$$A = \begin{bmatrix} 1 & 1 & 1 \\ -1 & 0 & 1 \\ 0 & 1 & 1 \end{bmatrix} (\mid A \mid = -1)$$

将发送信息单词的编码转化成一个矩阵(矩阵 B),矩阵 B 的大小要依据矩阵 A 设定,即要使 AB 运算合法.

矩阵 B 应为 3×4 矩阵,即

$$B = \begin{bmatrix} 2 & 9 & 4 & 15 \\ 18 & 19 & 0 & 18 \\ 1 & 5 & 17 & 11 \end{bmatrix}$$

则 $C = AB$

$$C = \begin{bmatrix} 1 & 1 & 1 \\ -1 & 0 & 1 \\ 0 & 1 & 1 \end{bmatrix} \begin{bmatrix} 2 & 9 & 4 & 15 \\ 18 & 19 & 0 & 18 \\ 1 & 5 & 17 & 11 \end{bmatrix} = \begin{bmatrix} 21 & 33 & 21 & 44 \\ -1 & -4 & 13 & -4 \\ 19 & 24 & 17 & 29 \end{bmatrix}$$

矩阵 C 就是把对应信息加密完成的矩阵.

这样我们应发送的信息为:21,-1,19,33,-4,24,21,13,17,44,-4,29. 使用此法,若截获者不知转换矩阵,就很难破译截获的信息.

利用上述编译方法,如果我们从通讯处收到的信息为:21,-1,19,33,-4,24,21,13,17,44,-4,29,将怎样把它译为英文呢.

若要破解收到的信息,需要知道密钥矩阵(矩阵 A)的逆矩阵. 本例中破解该矩阵的方式即为上述加密过程的逆过程. 即已知矩阵 C,求矩阵 B 的过程.

即 $B = A^{-1}C$

$$B = A^{-1}C = \begin{bmatrix} 1 & 0 & -1 \\ -1 & -1 & 2 \\ 1 & 1 & -1 \end{bmatrix} \begin{bmatrix} 21 & 33 & 21 & 44 \\ -1 & -4 & 13 & -4 \\ 19 & 24 & 17 & 29 \end{bmatrix} = \begin{bmatrix} 2 & 9 & 4 & 15 \\ 18 & 19 & 0 & 18 \\ 1 & 5 & 17 & 11 \end{bmatrix}$$

这里就体现了密钥 A 可逆的重要性,若 A 不可逆,则 A 逆不存在,加密后的矩阵将无法破解.

二、实践

MATLAB 中的矩阵及运算

1. 直接输入法

从键盘上直接输入矩阵是最方便、最常用的创建数值矩阵的方法,尤其适合较小的简单矩阵. 在用此方法创建矩阵时,应当注意以下几点:

1.1　输入矩阵时要以"[　]"为其标识符号,所有元素必须都在括号内;

1.2　矩阵同行元素之间由空格或逗号分隔,行与行之间用分号或回车键分隔;

1.3　矩阵大小不需要预先定义;

1.4　矩阵元素可以是运算表达式或小矩阵;

1.5　若"[　]"中无元素表示空矩阵.

例如:

```
>>A=[1 2 3;4 5 6;7 8 9]
A =
    1 2 3
    4 5 6
    7 8 9
```

2. 线性代数的常用函数:

命令	功　能
A′	计算矩阵 A 的转置
det(A)	计算方阵 A 的行列式
$A_1 \pm A_2$	计算同型矩阵 A_1、A_2 的和与差
k * A	常数 k 乘矩阵 A
$A_1 \cdot A_2$	两个矩阵 A_1、A_2 相乘
inv[A]	计算矩阵 A 的逆矩阵
rank[A]	计算矩阵 A 的秩
rref[A]	将 A 化成行最简化阶梯形矩阵
null[A,·r·]	计算系数矩阵为 A 的齐次方程的基础解系
pinv[A] * b	计算非齐次方程的特解

例如:

```
>>A=[2 1 -3 -1;3 1 0 7;-1 2 4 -2;1 0 -1 5]
>>A1=det[A];
>>A2=det[inv[A]];
>>A1 * A2
    ans =
        1
```

应用与实践七习题

1. 假定某种通信中使用如下的信息编译方法. 规定 26 个英文大写字母的代码为:

```
A  B  C  D  E  F  G  H  I  J  K  L  M  N
|  |  |  |  |  |  |  |  |  |  |  |  |  |
1  2  3  4  5  6  7  8  9  10 11 12 13 14

O  P  Q  R  S  T  U  V  W  X  Y  Z     空格
|  |  |  |  |  |  |  |  |  |  |  |       |
15 16 17 18 19 20 21 22 23 24 25 26    27
```

发送信息时,采用分组形式:"三个一组"而构成列矩阵(不够分时,以零补齐),并做线性转换

$$L:X=\begin{bmatrix}x_1\\x_2\\x_3\end{bmatrix}\rightarrow Y=\begin{bmatrix}y_1\\y_2\\y_3\end{bmatrix}$$ 为 $Y=L(X)=AX$,又转换矩阵 $A=\begin{bmatrix}1&1&0\\0&1&1\\0&0&2\end{bmatrix}$. 现在若从通讯者处收到

的信息为:

$17,25,40,48,40,38,47,38,36,52,47,40,22,12,10,28,13,10,18,0,0.$ 请将其译为英文.

2. 计算下列行列式的值.

$(1)\begin{vmatrix}3&-7&2&4\\-2&5&1&-3\\1&-5&-1&2\\4&-6&3&8\end{vmatrix};$
$(2)\begin{vmatrix}a-5&-2&4\\-2&a-2&2\\4&2&a-5\end{vmatrix}.$

3. 设矩阵 $A=\begin{bmatrix}2&2&3\\1&-1&0\\-1&2&1\end{bmatrix},B=\begin{bmatrix}2&0&0\\1&2&0\\0&1&2\end{bmatrix},$ 计算 $-2A,A^T,r(A),AB.$

4. 解矩阵方程: $Ax=B$,其中 $A=\begin{bmatrix}1&-1&2\\2&-3&5\\3&-2&4\end{bmatrix},B=\begin{bmatrix}1&-1\\-2&3\\5&-4\end{bmatrix}.$

5. 解线性方程组.

$(1)\begin{cases}x_1+2x_2+3x_3=-7,\\2x_1-x_2+2x_3=-8,\\x_1+3x_2=7;\end{cases}$
$(2)\begin{cases}2x_1-4x_2+5x_3+3x_4=7,\\3x_1-6x_2+4x_3+2x_4=7,\\4x_1-8x_2+17x_3+11x_4=21.\end{cases}$

小　结

一、主要内容

本模块主要介绍了行列式、矩阵的概念及其运算,学习了逆矩阵、矩阵的秩与初等变换、线性方程组的矩阵求解等问题.

1. 行列式

(1)掌握2阶、3阶行列式的定义,理解 n 阶行列式的定义.

(2)熟记行列式的性质及按一行(列)展开法则.掌握利用行列式的性质及展开法则计算行列式的基本方法.

(3)掌握2阶、3阶行列式的计算,会计算简单的 n 阶行列式.

(4)掌握克莱姆法则,会用克莱姆法则求解简单的线性方程组.

2. 矩阵及其运算

（1）理解矩阵的概念.

（2）掌握矩阵的加法、数乘、乘法、方阵的幂、转置等运算及其计算规律.

（3）理解逆矩阵的概念和有关理论，掌握求逆矩阵的常用方法.

3. 矩阵的初等变换与线性方程组

（1）理解矩阵初等变换和等价矩阵的概念，会进行矩阵的初等变换.

（2）掌握矩阵的秩的定义及计算.

（3）会用克莱姆法则、逆矩阵等方法求线性方程组的解.

二、应注意的问题

（1）行列式是线性代数的一个基本概念，是讨论线性方程组、向量等代数问题的有力工具. 行列式是由 n^2 个数排成 n 行 n 列、按照不同行不同列各取一个元素的乘积之和，共有 $n!$ 项，正负各占一半. 这个和的每一项不仅与 n^2 个数有关，也与这些数的排列位置有关.

本模块主要介绍了两种行列式的计算方法，其一是"化三角形法"，即利用性质将行列式化为三角形行列式并求其值；其二是"降阶法"，即利用性质将阶数较高的行列式转化为阶数较低的行列式，再求其值.

在行列式计算中，首先要观察分析行列式各行（或列）元素的构造特点，然后利用行列式的性质化简行列式的计算，同时要尽量避免分数运算，避免计算错误.

（2）克莱姆法则是解线性方程组的一种方法，也是行列式理论的应用. 但是克莱姆法则要求未知数的个数与方程的个数相等，且系数行列式不能为零. 另一方面计算量太大，需要计算 $n+1$ 个 n 阶行列式，但其在理论上是很重要的，应用它可以推导理论问题.

（3）矩阵是线性代数的主要研究的对象之一. 它的计算和理论在自然科学、技术科学和社会科学等领域中有着广泛的应用. 掌握它的运算方法对理论研究是很重要的. 矩阵的运算要注意，只有同型矩阵才能定义加减法运算. 只有第一个矩阵的列数与第二个矩阵行数相等时，才有乘法运算. 由于运算的特殊性，矩阵乘法不适合交换律，也不适合消去律，这是与数的运算的主要区别.

（4）初等变换在矩阵论的研究中起着重要的作用，无论是求逆矩阵，还是求矩阵的秩及在解方程组中的消去法都要用到它. 因而理解并掌握初等变换尤为重要. 实际上，初等行变换就相当于对方程组的方程进行计算. 这样，对矩阵的初等变换就不难理解了.

（5）逆矩阵相当于数字运算中的非零数的倒数问题. 求逆矩阵的问题，本模块给出两种求法：伴随矩阵和初等变换. 伴随矩阵法，计算量较大，需要计算一个 n 阶行列式和 n^2 个 $n-1$ 阶行列式. 当阶数较高时，并不易计算. 初等变换则避免计算行列式，而直接求逆矩阵.

矩阵的秩是矩阵的固有性质，是矩阵变换中的不变量. 有两种方法可以计算矩阵的秩. 用定义计算矩阵的秩，比较繁难，要从高阶往低阶计算子式，直到有不为零的子式出现为止. 用矩阵的初等变换求秩，就比较方便，用初等变换将矩阵化为阶梯形，就可以直接求得矩阵的秩.

（6）线性方程组是线性代数的基本内容. 对线性方程组的求解问题，本模块先后给出三种解法. 克莱姆法则，前面已述. 第二种方法是利用逆矩阵解矩阵方程的方法. 实际上，它所要求的条件与克莱姆法则一致，只是运算量稍小一些. 第三种方法是消去法，它是解线性方程组的具体方法. 消去法是在线性方程组的增广矩阵上进行的, 利用对矩阵的行初等变换将它变为阶梯形, 由此判断有解无解, 同时在有解时解的个数的问题也随之解决了. 消去法解线性方程组, 减弱了求解条件, 拓宽了适用范围, 因而是解线性方程组的较好的方法.

▶▶ 复习题七 ◀◀

1. 填空题:

(1) $\begin{vmatrix} a_1 & a_2 & a_3 \\ b_1 & b_2 & b_3 \\ c_1 & c_2 & c_3 \end{vmatrix} \xrightarrow{r_3 + r_1(-1)} = \underline{\hspace{2cm}}$.　　(2) $\begin{vmatrix} 1 & 2 & 3 & 4 \\ 2 & 0 & 1 & 0 \\ 7 & 2 & 0 & 0 \\ -1 & 0 & 0 & 0 \end{vmatrix} = \underline{\hspace{2cm}}$.

(3) $\begin{vmatrix} 2 & 3 & -1 & 2 \\ 1 & 0 & 0 & 2 \\ 2 & 1 & 4 & a \\ 0 & 1 & 6 & 1 \end{vmatrix}$ 中元素 a 的代数余子式是 $\underline{\hspace{2cm}}$.

(4) 行列式 $\begin{vmatrix} 3 & 0 & 4 & 0 \\ 2 & 2 & 2 & 2 \\ 0 & -7 & 0 & 0 \\ 5 & 3 & -2 & 2 \end{vmatrix}$ 中, $M_{34} = \underline{\hspace{1cm}}$; $A_{34} = \underline{\hspace{1cm}}$; $A_{41} + A_{42} + A_{43} + A_{44} = \underline{\hspace{1cm}}$

$\underline{\hspace{1cm}}$; $A_{31} + A_{33} = \underline{\hspace{2cm}}$.

(5) 若 $\boldsymbol{A} = \begin{bmatrix} 5 & -2 & 1 \\ 3 & 4 & -1 \end{bmatrix}$, $\boldsymbol{B} = \begin{bmatrix} -3 & 2 & 0 \\ -2 & 0 & 1 \end{bmatrix}$, 则 $\boldsymbol{A} + \boldsymbol{B} = \underline{\hspace{2cm}}$, $\boldsymbol{A} - \boldsymbol{B} = \underline{\hspace{2cm}}$.

(6) 设 $\boldsymbol{A}$ 是 $s \times l$ 矩阵, 则 $\boldsymbol{A}\boldsymbol{A}^{\mathrm{T}}$ 是 $\underline{\hspace{2cm}}$ 阶矩阵.

(7) 设 $\boldsymbol{A}$ 是 $m \times n$ 矩阵, $\boldsymbol{B}$ 是 $p \times m$, 则 $\boldsymbol{A}^{\mathrm{T}}\boldsymbol{B}^{\mathrm{T}}$ 是 $\underline{\hspace{2cm}}$ 矩阵.

(8) 若 $\boldsymbol{A}$ 为三阶方阵, 则 $\det(2\boldsymbol{A}) = \underline{\hspace{2cm}} \det \boldsymbol{A}$.

(9) 若 $\boldsymbol{A} = \begin{bmatrix} 1 & 4 \\ 2 & 5 \end{bmatrix}$, 则 $\boldsymbol{A}^* = \underline{\hspace{2cm}}$, $\boldsymbol{A}^{-1} = \underline{\hspace{2cm}}$.

(10) 设 $\boldsymbol{A} = \begin{bmatrix} 1 & 2 \\ 4 & 0 \\ -1 & 3 \end{bmatrix}$, $\boldsymbol{B} = \begin{bmatrix} -1 & 2 & 0 \\ 3 & -1 & 1 \end{bmatrix}$, 则 $(\boldsymbol{A} + \boldsymbol{B}^{\mathrm{T}})^{\mathrm{T}} = \underline{\hspace{2cm}}$.

(11) 设矩阵 $\boldsymbol{A} = \begin{bmatrix} 1 & 2 & -1 & 1 \\ 2 & -1 & 3 & 1 \\ 3 & 1 & 2 & 2 \end{bmatrix}$, 则 $R(\boldsymbol{A}) = \underline{\hspace{2cm}}$.

(12) 非齐次线性方程组 $\boldsymbol{A}\boldsymbol{x} = \boldsymbol{b}$ 有解的充要条件是 $R[\boldsymbol{A} \vdots \boldsymbol{b}] = \underline{\hspace{2cm}}$.

2. 选择题.

(1) 下列各式中, 正确的是 ( ).

A. $\begin{vmatrix} a+b & c+d \\ e+f & g+h \end{vmatrix} = \begin{vmatrix} a & c \\ e & g \end{vmatrix} + \begin{vmatrix} b & d \\ f & h \end{vmatrix}$　　B. $\begin{vmatrix} a+b & c+d \\ e+f & g+h \end{vmatrix} = \begin{vmatrix} a & b \\ e & f \end{vmatrix} + \begin{vmatrix} c & d \\ g & h \end{vmatrix}$

C. $\begin{vmatrix} 2a & 2b \\ 2c & 2d \end{vmatrix} = 2 \begin{vmatrix} a & b \\ c & d \end{vmatrix}$　　D. $\begin{vmatrix} 2a & 2b \\ 2c & 2d \end{vmatrix} = 4 \begin{vmatrix} a & b \\ c & d \end{vmatrix}$

(2) $\begin{vmatrix} 3 & 4 & 9 \\ 5 & 7 & 1 \\ 2 & 1 & 4 \end{vmatrix}$ 的 a_{23} 的代数余子式 A_{23} 的值为（　　）.

  A. 3   B. -3 C. 5   D. -5

(3) 若 $k=$（　　）, 则 $\begin{vmatrix} k & 2 & 1 \\ 2 & k & 0 \\ 1 & -1 & 1 \end{vmatrix} = 0$.

  A. -2 B. 2   C. 0   D. -3

(4) 设 n 阶矩阵 A 的行列式为 $\det A$, 则 kA 的行列式为（　　）.

  A. $k\det A$ B. $k^n\det A$ C. $|k|\det A$ D. $-k\det A$

(5) 有矩阵 $A_{3\times2}$, $B_{2\times3}$, $C_{3\times3}$, 下列运算可行的是（　　）.

  A. AC B. $A-B$ C. $ABC-C$ D. $AB-BC$

(6) 由 $A_{m\times n}$, $B_{s\times t}$ 作乘积 AB^{T}, 则必须满足（　　）.

  A. $m=n$ B. $m=t$ C. $n=s$ D. $n=t$

(7) 由 $\begin{bmatrix} 2 & 3 & 4 \\ 5 & 0 & -1 \\ 3 & 1 & 2 \end{bmatrix}\begin{bmatrix} 2 & 1 \\ 3 & 5 \\ 1 & 2 \end{bmatrix}$ 得到的矩阵 A 中元素 $a_{21}=$（　　）.

  A. -9 B. 9   C. 0   D. 24

(8) $\begin{cases} x_1+x_2+x_3=4, \\ x_2-x_3=2, \\ -2x_2+2x_3=6, \end{cases}$ 一定（　　）.

  A. 有无穷多解   B. 有唯一解   C. 只有零解   D. 无解

3. 计算下列各式.

(1) $D=\begin{vmatrix} 1 & 1 & 1 & 0 \\ 1 & 1 & 0 & 1 \\ 1 & 0 & 1 & 1 \\ 0 & 1 & 1 & 1 \end{vmatrix}$;

(2) $D=\begin{vmatrix} a & b & 0 & 0 & 0 \\ 0 & a & b & 0 & 0 \\ 0 & 0 & a & b & 0 \\ 0 & 0 & 0 & a & b \\ b & 0 & 0 & 0 & a \end{vmatrix}$;

(3) $D=\begin{vmatrix} 1 & 1 & 1 & 1 \\ a & b & c & d \\ a^2 & b^2 & c^2 & d^2 \\ a^3 & b^3 & c^3 & d^3 \end{vmatrix}$;

(4) $D=\begin{vmatrix} 554 & 427 & 327 \\ 586 & 443 & 343 \\ 711 & 504 & 404 \end{vmatrix}$;

(5) 求矩阵的秩 $A=\begin{bmatrix} 1 & 2 & 0 & -3 & 5 \\ 2 & 1 & 4 & 0 & 1 \\ 1 & -1 & 4 & -4 & 1 \\ 2 & 4 & 0 & 1 & 5 \end{bmatrix}$;

(6) 计算 $\begin{bmatrix} 1 \\ 2 \\ 3 \end{bmatrix}\begin{bmatrix} 1 & 0 \end{bmatrix}+\begin{bmatrix} 1 & 2 \\ -1 & 3 \\ 0 & -1 \end{bmatrix}\begin{bmatrix} 0 & 1 \\ -1 & 0 \end{bmatrix}$;   (7) 已知 $A=\begin{bmatrix} 5 & 2 & 0 & 0 \\ 2 & 1 & 0 & 0 \\ 0 & 0 & 8 & 3 \\ 0 & 0 & 5 & 2 \end{bmatrix}$, 求 A^{-1}.

4. 求解下列线性方程组.

$(1)\begin{cases}x_1+2x_2+2x_3+x_4=0,\\2x_1+x_2-2x_3-2x_4=0,\\x_1-x_2-4x_3-3x_4=0;\end{cases}$
$(2)\begin{cases}x_1-x_2+5x_3-x_4=0,\\x_1+x_2-2x_3+3x_4=0,\\3x_1-x_2+6x_3+x_4=0,\\x_1+3x_2-9x_3+7x_4=0;\end{cases}$

$(3)\begin{cases}x_1-3x_2-2x_3-x_4=6,\\3x_1-8x_2+x_3+5x_4=0,\\-2x_1+x_2-4x_3+x_4=-12,\\-x_1+4x_2-x_3-3x_4=2;\end{cases}$
$(4)\begin{cases}3x_1-6x_2+2x_3-x_4+4x_5=0,\\-3x_1+6x_2-x_3-7x_4-11x_5=0,\\-x_1+2x_2-x_3+3x_4+x_5=0,\\5x_1-10x_2+3x_3+x_4+9x_5=0.\end{cases}$

行列式和矩阵

行列式出现于线性方程组的求解. 它最早是一种速记的表达式, 现在已经是数学中一种非常有用的工具. 行列式是由莱布尼茨和日本数学家关孝和发明的. 1693 年 4 月, 莱布尼茨在写给洛比达的一封信中使用并给出了行列式, 并给出方程组的系数行列式为零的条件. 同时代的日本数学家关孝和在其著作《解伏题元法》中也提出了行列式的概念与算法.

1750 年, 瑞士数学家克莱姆(G. Cramer, 1704—1752)在其著作《线性代数分析导引》中, 对行列式的定义和展开法则给出了比较完整、明确的阐述, 并给出了现在我们所称的解线性方程组的克莱姆法则. 稍后, 数学家贝祖(E. Bezout, 1730—1783)将确定行列式每一项符号的方法进行了系统化, 利用系数行列式概念指出了如何判断一个齐次线性方程组有非零解.

总之, 在很长一段时间内, 行列式只是作为解线性方程组的一种工具使用, 并没有人意识到它可以独立于线性方程组之外, 单独形成一门理论加以研究.

在行列式的发展史上, 第一个对行列式理论做出连贯的逻辑的阐述, 即把行列式理论与线性方程组求解相分离的人, 是法国数学家范德蒙(A. T. Vandermonde, 1735—1796). 范德蒙自幼在父亲的指导下学习音乐, 但对数学有浓厚的兴趣, 后来终于成为法兰西科学院院士. 特别地, 他给出了用二阶子式和它们的余子式来展开行列式的法则, 就这一点来说, 他是这门理论的奠基人. 1772 年, 拉普拉斯在一篇论文中证明了范德蒙提出的一些规则, 推广了他展开行列式的方法.

继范德蒙之后, 在行列式的理论方面, 又一位做出突出贡献的就是另一位法国大数学家柯西. 1815 年, 柯西在一篇论文中给出了行列式的第一个系统的、几乎是近代的处理, 其中主要结果之一是行列式的乘法定理. 另外, 他第一个把行列式的元素排成方阵, 采用双足标记法, 引进了行列式特征方程的术语, 给出了相似行列式概念, 改进了拉普拉斯的行列式展开定理并给出了一个证明等.

继柯西之后, 在行列式理论方面最多产的人就是德国数学家雅可比(J. Jacobi, 1804—1851). 他引进了函数行列式, 即"雅可比行列式", 指出函数行列式在多重积分的变量替换中的作用, 给出了函数行列式的导数公式. 雅可比的著名论文《论行列式的形成和性质》标志着行列式系统理论的建成. 由于行列式在数学分析、几何学、线性方程组理论、二次型理论等多方面的应用, 促使行列式理论自身在 19 世纪也得到了很大发展. 整个 19 世纪都有行列式的新结果.

除了一般行列式的大量定理之外,还有许多有关特殊行列式的其他定理都相继得到.

矩阵是数学中的一个重要的基本概念,是代数学的一个主要研究对象,也是数学研究和应用的一个重要工具."矩阵"这个词是由西尔维斯特首先使用的,他是为了将数字的矩形阵列区别于行列式而发明了这个述语.而实际上,矩阵这个课题在诞生之前就已经发展得很好了.从行列式的大量工作中明显地表现出来,为了很多目的,不管行列式的值是否与问题有关,方阵本身都可以研究和使用,矩阵的许多基本性质也是在行列式的发展中建立起来的.在逻辑上,矩阵的概念应先于行列式的概念,然而在历史上次序正好相反.

英国数学家凯莱（A.Cayley,1821—1895)一般被公认为是矩阵论的创立者,因为他首先把矩阵作为一个独立的数学概念提出来,并首先发表了关于这个题目的一系列文章.凯莱研究线性变换下的不变量结合,首先引进矩阵以简化记号.1858年,他发表了关于这一课题的第一篇论文《矩阵论的研究报告》,系统地阐述了关于矩阵的理论.文中他定义了矩阵的相等、矩阵的运算法则、矩阵的转置以及矩阵的逆等一系列基本概念,指出了矩阵加法的可交换性与可结合性.另外,凯莱还给出了方阵的特征方程和特征根(特征值)以及有关矩阵的一些基本结果.凯莱出生于一个古老而有才能的英国家庭,剑桥大学三一学院大学毕业后留校讲授数学,三年后他转从律师职业,工作卓有成效,并利用业余时间研究数学,发表了大量的数学论文.

1855年,埃米特（C.Hermite,1822—1901)证明了别的数学家发现的一些矩阵类的特征根的特殊性质,如现在称为埃米特矩阵的特征根性质等.后来,克莱伯施（A.Clebsch,1831—1872)、布克海姆（A.Buchheim)等证明了对称矩阵的特征根性质,泰伯（H.Taber)引入矩阵的迹的概念并给出了一些有关的结论.

在矩阵论的发展史上,弗罗伯纽斯（G.Frobenius,1849—1917)的贡献是不可磨灭的.他讨论了最小多项式问题,引进了矩阵的秩、不变因子和初等因子、正交矩阵、矩阵的相似变换、合同矩阵等概念,以合乎逻辑的形式整理了不变因子和初等因子的理论,并讨论了正交矩阵与合同矩阵的一些重要性质.1854年,约当研究了矩阵化为标准型的问题.1892年,梅茨勒（H.Metzler)引进了矩阵的超越函数概念并将其写成矩阵的幂级数的形式.傅立叶.西尔和庞加莱的著作中还讨论了无限阶矩阵问题,这主要是适用方程发展的需要而开始的.

矩阵本身所具有的性质依赖于元素的性质,矩阵由最初作为一种工具经过两个多世纪的发展,现在已成为独立的一门数学分支——矩阵论.而矩阵论又可分为矩阵方程论、矩阵分解论和广义逆矩阵论等矩阵的现代理论.矩阵及其理论现已广泛地应用于现代科技的各个领域.

模块八 概率论与数理统计

【学习目标】

☆ 理解离散型随机变量及其概率分布和性质,掌握两点分布、二项分布和泊松分布.

☆ 理解连续型随机变量密度函数和性质,掌握均匀分布、指数分布和正态分布.

☆ 理解随机变量的数字特征的概念,掌握离散型和连续型随机变量的数学期望、方差的计算方法和性质.

☆ 理解总体、个体、样本、样本值、统计量、样本均值和样本方差等概念;掌握 u 变量及其分布、χ^2 变量及其分布、t 变量及其分布的定义;了解参数的点估计和区间估计的概念,掌握参数的假设检验的基本方法和步骤.

☆ 会使用数学软件 MATLAB 处理一些简单的统计问题.

概率论与数理统计同是研究随机现象规律性的数学分支学科,主要研究怎样有效地搜集、整理和分析带有随机性的数据,以对考察的问题作出推断或预测.

随着经济社会的发展和科学研究的不断深入,概率论与数理统计的方法已越来越广泛地应用到生产管理及科学技术研究等领域.

【引例】 彩票问题

目前,社会上流行的"乐透型"彩票问题.

"乐透型"有多种不同的形式.例如,"33 选 7"方案:先从 01～33 个号码球中一个一个地摇出 7 个基本号,再从剩余的 26 个号码球中摇出一个特别号码.投注者从 01～33 个号码中任选 7 个组成一注(不可重复),根据单注号码与中奖号码相符的个数多少确定相应的中奖等级,不考虑号码顺序.又如,"36 选 6+1"的方案:先从 01～36 个号码球中一个一个地摇出 6 个基本号,再从剩下的 30 个号码球中摇出一个特别号码.投注者从 01～36 个号码中任选 7 个组成一注(不可重复),根据单注号码与中奖号码相符的个数多少确定相应的中奖等级,不考虑号码顺序.这两种方案的中奖等级.

中奖等级	33 选 7(7/33)			36 选 6+1(6+1/36)		
	基本号码　特别号码		说明	基本号码　特别号码		说明
一等奖	●●●●●●●		选 7 中(7)	●●●●●● ★		选 7 中(6+1)
二等奖	●●●●●●○ ★		选 7 中(6+1)	●●●●●●○		选 7 中(6)
三等奖	●●●●●●○		选 7 中(6)	●●●●●○ ★		选 7 中(5+1)
四等奖	●●●●●○○ ★		选 7 中(5+1)	●●●●●○○		选 7 中(5)
五等奖	●●●●●○○		选 7 中(5)	●●●●○○ ★		选 7 中(4+1)
六等奖	●●●●○○○ ★		选 7 中(4+1)	●●●●○○○		选 7 中(4)
七等奖	●●●●○○○		选 7 中(4)	●●●○○○ ★		选 7 中(3+1)

注:●为选中的基本号码,★为选中的特别号码,○为未选中的号码.

以上两种类型的总奖金比例为销售总额的 50% ，投注者的单注金额为 2 元，单注若已得到高级别的奖就不再兼得低级别的奖．处理这类问题需要以概率与数理统计方面的知识为依据．本模块学习概率与数理统计的有关知识．

第一节　离散型随机变量及其分布

一、随机变量

在涉及随机试验的实际问题中，随机试验的可能结果都可与数值联系起来，可用数值表示，这就为研究随机现象提供了很多方便．

先看两个引例．

例 1　掷一颗匀称的骰子，可能的结果为"出现 1 点"、"出现 2 点"、…、"出现 6 点"，而这些结果可以由 $1,2,\cdots,6$ 六个数表示．

例 2　某人对射击靶射击一次，可能的结果为"命中 0 环"、"命中 1 环"、…、"命中 10 环"，这些结果可以由 $0,1,\cdots,10$ 这十一个数表示．

在例 1 掷一颗骰子的试验中，可能出现的结果都可以用一个数" ξ "（即"点数"）来表示．这个数在试验之前是无法预先确定的．在不同的试验中， ξ 可能取不同的值，因此 ξ 是一个变量．同样地，在例 2 对靶射击一次试验中，可能出现的结果可用"环数 ξ "这个变量来表示．

如果随机试验的各种结果可以用一个变量来表示，那么这个变量叫做**随机变量**，常用希腊字母 ξ,η 或大写字母 X,Y,Z 等表示．

注：随机变量与一般变量的区别是：一般变量取何值是确定的，没有"可能与不可能"取到的问题；而随机变量取何值是不确定的，取不同值的概率（可能性）一般是不同的．

例 1 中掷一颗骰子出现的点数 ξ 是一个随机变量：

" $\xi=1$ "表示"出现 1 点"；" $\xi=2$ "表示"出现 2 点"；

　　　　　　　…　　　　；" $\xi=6$ "表示"出现 6 点"．

例 2 对靶射击一次命中的环数 ξ 也是一个随机变量：

" $\xi=0$ "表示"命中 0 环"；" $\xi=1$ "表示"命中 1 环"；

　　　　　　　…；　　　" $\xi=10$ "表示"命中 10 环"．

再看几个例子．

例 3　电视机显像管的寿命若用 ξ 表示，则 ξ 是一个随机变量，它可以取 $[0,+\infty)$ 内的一切值．

例 4　一批产品中，有优质品、次品和废品，从中任抽一件进行检验，可能的结果有三个："产品为优质品""产品为次品""产品为废品"，这种试验的结果不是由数量表示的，但是我们可人为地取一些数来表示检验的结果，如果令" $\xi=0$ "表示事件"产品为优质品"；" $\xi=1$ "表示事件"产品为次品"；" $\xi=2$ "表示事件"产品为废品"．

则抽检结果可用 ξ 来表示， ξ 是一个随机变量，它可能取值为 $0,1,2$ ．

如果随机变量所有可能取值为有限个或无限个，但能一一列举出来，那么该随机变量叫做**离散型随机变量**，如前面例 1、例 2、例 4 中的随机变量．

如果随机变量所有可能取值为某一区间上的一切值，那么该随机变量叫做**非离散型随机**

变量,如前面例 3 中的随机变量.

二、离散型随机变量的概率分布

研究离散型随机变量,既要知道它所有的可能取值,又要知道它取这些值的概率.

定义 1　如果离散型随机变量 ξ 的所有可能取值为 $x_1,x_2,\cdots,x_k,\cdots$,那么它取这些值的概率

$$P(\xi = x_k) = p_k(k=1,2,\cdots)$$

叫做 ξ 的**概率分布**,简称分布列.

概率分布还可以写成如下表格形式:

ξ	x_1	x_2	$\cdots$	x_k	$\cdots$
P	p_1	p_2	$\cdots$	p_k	$\cdots$

例 5　现有 10 件产品(7 件正品,3 件次品),若无放回地抽两次(一次一件),求次品数 ξ 的概率分布.

解　次品数 ξ 的可能取值为 $0,1,2$.因为是无放回的抽两次,就相当于一次抽两个,所以 ξ 的概率分布为

$$P(\xi = 0) = \frac{C_3^0 C_7^2}{C_{10}^2} = \frac{7}{15}, \ P(\xi = 1) = \frac{C_3^1 C_7^1}{C_{10}^2} = \frac{7}{15}, \ P(\xi = 2) = \frac{C_3^2 C_7^0}{C_{10}^2} = \frac{1}{15}.$$

例 6　某人打靶,命中环数 ξ 的分布列如下表:

ξ	0	1	2	3	4	5	6	7	8	9	10
P	0	0	0.01	0.01	0.01	0.02	0.10	0.30	0.35	0.15	0.05

分别求(1)此人命中 7 至 9 环的概率.(2)命中环数小于或等于 4 的概率.

解　(1)因为 $\{7 \leqslant \xi \leqslant 9\} = \{\xi = 7\} + \{\xi = 8\} + \{\xi = 9\}$,并且事件"$\xi = 7$","$\xi = 8$","$\xi = 9$"两两互斥,所以

$$P\{7 \leqslant \xi \leqslant 9\} = P\{\xi = 7\} + P\{\xi = 8\} + P\{\xi = 9\}$$
$$= 0.30 + 0.35 + 0.15 = 0.80.$$

(2)同理　$P\{\xi \leqslant 4\} = P\{\xi = 0\} + P\{\xi = 1\} + P\{\xi = 2\} + P\{\xi = 3\} + P\{\xi = 4\}$
$$= 0 + 0 + 0.01 + 0.01 + 0.01 = 0.03.$$

从以上两个例子可以看出,概率分布有以下两个重要性质:

性质 1　非负性:$p_k \geqslant 0 (k=1,2,\cdots)$.

性质 2　归一性:$\sum\limits_{k=1}^{\infty} p_k = 1$.

这两个性质是检验一组数是否为概率分布的充分必要条件.

对于任意一个实数 x,我们可由 ξ 的概率分布计算事件"$\xi \leqslant x$"的概率,例如上面例 6 中的(2).设 ξ 是离散型随机变量,则有

$$P(\xi \leqslant x) = \sum_{x_k \leqslant x} P(\xi = x_k) = \sum_{x_k \leqslant x} p_k.$$

上式中的 $\sum\limits_{x_k \leqslant x} p_k$ 表明对所有小于或等于 x 的那些 x_k 的 p_k 求和. $p(\xi \leqslant x)$ 显然是 x 的函数,叫

做随机变量 ξ 的分布函数，通常用 $F(x)$ 表示，即 $F(x) = P(\xi \leqslant x) = \sum_{x_k \leqslant x} p_k$.

三、常见的离散型随机变量的分布列

1. 两点分布（0—1 分布）

现有产品 $a+b$ 件，其中正品 a 件，次品 b 件，从中任抽一件，可能的结果有两个："取得正品"，"取得次品"，如果令"$\xi=0$"表示"取得正品"，"$\xi=1$"表示"取得次品"，则 ξ 是一个随机变量. 并且 $P(\xi=0)=\dfrac{a}{a+b}$，$P(\xi=1)=\dfrac{b}{a+b}$，故 ξ 的概率分布为

ξ	0	1
P	$\dfrac{a}{a+b}$	$\dfrac{b}{a+b}$

定义 2　如果随机变量 ξ 的概率分布为 $P(\xi=0)=q$，$P(\xi=1)=p$，其中 $0<p<1$，$q=1-p$，那么 ξ 叫做服从**两点分布**（0—1 分布），记作 $\xi \sim 0-1$ 分布.

只有两个基本事件的试验，都能用 0—1 分布描述，如：抛一枚均匀硬币出现正面、反面问题，射击打靶的"中""不中"问题，商业经营中赢利、亏损问题，新生儿性别（男、女）登记问题，等等.

2. 二项分布

由 n 次独立重复试验知道：设在一次试验中事件 A 发生的概率为 $p(0<p<1)$，那么在 n 次独立重复试验中事件 A 恰好发生 k 次的概率为 $P_n(k)=C_n^k p^k q^{n-k}(k=0,1,2,\cdots,n)$，其中 $q=1-p$.

如果把 n 次独立重复试验中事件 A 发生的次数用 ξ 表示，那么它是一个随机变量，它的可能取值为 $0,1,2,\cdots,n$.

定义 3　如果随机变量 ξ 的概率分布为 $P(\xi=k)=P_n(k)=C_n^k p^k q^{n-k}(k=0,1,2,\cdots,n)$，其中 $0<p<1$，$q=1-p$，那么 ξ 叫做服从参数 n,p 的二项分布，记作 $\xi \sim B(n,p)$.

我们看到 $C_n^k p^k q^{n-k}$ 恰是二项式 $(q+p)^n$ 的展开式的通项，这正是它叫做二项分布的原因.

二项分布是一种相当重要的分布，因为服从二项分布的随机变量，在工农业生产和管理中广泛存在，其实际背景为 n 次独立重复试验.

例 7　某工厂每天用水量保持正常的概率为 $\dfrac{3}{4}$，求最近六天内用水量正常的天数的概率分布.

解　设最近六天内用水量正常的天数为 ξ，则 $\xi \sim B\left(6,\dfrac{3}{4}\right)$，其概率分布为

$$P(\xi=k) = P_6(k) = C_6^k \left(\frac{3}{4}\right)^k \left(\frac{1}{4}\right)^{6-k} \quad (k=0,1,2,\cdots,6).$$

即

ξ	0	1	2	3	4	5	6
P	0.000 2	0.004 4	0.033 0	0.131 8	0.296 6	0.356 0	0.178 0

3. 泊松（Poisson）分布

定义 4　如果随机变量 ξ 的概率分布为 $P(\xi=k)=\dfrac{\lambda^k}{k!}\mathrm{e}^{-\lambda}(k=0,1,2,\cdots)$，其中 $\lambda>0$，那么 ξ 叫做服从参数为 λ 的**泊松分布**，记作 $\xi\sim\pi(\lambda)$.

泊松分布的应用很广泛，例如在某段时间内电话交换台接到的呼唤次数；汽车站的候车人数；纺织机断头次数；一定面积内布匹上的疵点数；铸件表面上的砂眼数；显微镜下某区域中的白血球数，等等，一般都服从泊松分布.

例 8　电话交换台每分钟接到的呼唤次数 ξ 为随机变量，设 $\xi\sim\pi(3)$，求一分钟呼唤次数不超过 2 的概率.

解　因为 $\xi\sim\pi(3)$，所以 $\lambda=3$，并且

$$P(\xi=k)=\frac{3^k}{k!}\mathrm{e}^{-3}(k=0,1,2,\cdots),$$

于是　$P(\xi\leqslant 2)=P(\xi=0)+P(\xi=1)+P(\xi=2)$

$$=\frac{3^0}{0!}\mathrm{e}^{-3}+\frac{3^1}{1!}\mathrm{e}^{-3}+\frac{3^2}{2!}\mathrm{e}^{-3}$$

$$=8.5\mathrm{e}^{-3}=0.423.$$

可以证明，当 n 比较大，p 比较小，$np=\lambda<5$ 时，二项分布可以用下面的近似公式计算

$$C_n^k p^k q^{n-k}\approx\frac{\lambda^k}{k!}\mathrm{e}^{-\lambda}.$$

在实际计算中，当 $n\geqslant 10,p\leqslant 0.1$ 时就可以用上述近似公式.

例 9　某人进行射击，每次命中的概率为 0.02，现独立射击 400 次，求击中次数不小于 2 的概率.

解　设击中次数为 ξ，则 $\xi\sim B(400,0.02)$，故

$$P(\xi\geqslant 2)=1-[P(\xi=0)+P(\xi=1)]$$

$$=1-C_{400}^0\times 0.02^0\times 0.98^{400}-C_{400}^1\times 0.02^1\times 0.98^{399}.$$

上式计算量较大，因为 $n=400>10,p=0.02<0.1$，所以改用 $\lambda=400\times 0.02=8$ 的泊松分布近似计算，故

$$P(\xi\geqslant 2)=1-\frac{8^0}{0!}\mathrm{e}^{-8}-\frac{8^1}{1!}\mathrm{e}^{-8}=1-9\mathrm{e}^{-8}=0.997.$$

习题 8—1

1. 盒中装有 10 个螺钉，其中有 3 个次品. 现每次取 1 个，直到取到正品为止，若次品取出后不放回，试求取到正品前次品数 ξ 的概率分布，并求 $p(\xi\leqslant 1),p(\xi\geqslant 1)$.

2. 一批产品共 100 件，其中有 5 件次品，现在从中任取 10 件检查，求取到次品件数 ξ 的概率分布.

3. 某人投篮，每次命中率为 0.7，现独立投篮 5 次，求恰好命中 4 次的概率.

4. 已知某厂生产大量的软盘，其次品率为 1%，现任取 200 片软盘，求其中至少有 2 片次品的概率.

5. 纺织厂在某种稳定的生产条件下生产布匹，根据经验已知每米布上出现疵点数是服从泊松分布的，其中 $\lambda=2$，

求：(1)随机取一米布检查，其上有 1 个疵点的概率.

（2）随机取一米布检查，其上有 2 个疵点的概率.

6. 某工厂有同类设备 400 台，每台发生故障的概率为 0.02，用泊松分布计算，同时发生故障的设备超过 1 台的概率.

第二节　连续型随机变量的分布密度

由于非离散型随机变量的所有可能取值为某一区间上的一切值，无法一一列出，因此它的概率分布不能像离散型随机变量那样，以取各点的概率的形式表示.在非离散型随机变量中有一部分变量是我们经常遇到的——连续型随机变量，我们通过一个实例的频率分布直方图引出有关概念.

一、引例

某食品厂用自动打包机包装食盐，为了解机器的生产状况，每隔一定时间抽取几袋食盐，测量它们的重量.设随机变量 ξ 表示任抽一袋食盐的重量，显然 ξ 可以取某一区间上的一切值，为了研究 ξ 的概率分布规律，画出频率分布直方图.由于直方图每一矩形面积表示随机变量 ξ 落在相应那个区间内的频率，则可用此频率估计 ξ 在此区间内取值的概率.一般地，抽取的数据个数越多（见图 8—1），则图中各个矩形面积表示的频率就越接近随机变量 ξ 在各个小组取值的概率.如果抽取的数据个数无限增大，分组的组距无限缩小，那么频率分布直方图就会无限接近于一条确定的光滑曲线 $f(x)$（见图 8—1），$f(x)$ 精确地表示了随机变量 ξ 在各个取值范围内的概率的分布情况.即 ξ 在任意给定区间 $[a,b]$ 内取值的概率等于在这个区间上，曲线 $f(x)$ 下面的曲边梯形的面积（见图 8—1）：

$$P(a \leqslant \xi < b) = \int_a^b f(x)\mathrm{d}x.$$

图 8—1

二、连续型随机变量的概率分布密度函数

定义 1　对于随机变量 ξ，如果存在一个非负可积函数 $f(x)$，使 ξ 在任意区间 $[a,b]$ 内取值的概率为

$$P(a \leqslant \xi < b) = \int_a^b f(x)\mathrm{d}x,$$

那么 ξ 叫做**连续型随机变量**，$f(x)$ 叫做 ξ 的**概率分布密度函数**（简称分布密度或密度函数），

$f(x)$的图形叫**概率密度曲线**.

密度函数有以下两个性质：

性质1　非负性：$f(x)\geqslant 0$.

性质2　归一性：$\int_{-\infty}^{+\infty}f(x)\mathrm{d}x=1$.

由上面的讨论可知，连续型随机变量的概率的分布规律可以用密度函数 $f(x)$ 全面的描述．但应注意：

(1)由定积分性质可知，连续型随机变量 ξ 取任一定值 x_0 的概率 $P(\xi=x_0)=0$，这一点是连续型随机变量与离散型随机变量的原则区别．

(2)连续型随机变量 ξ 落入某区间的概率与区间是否包括端点无关，即

$$P(a\leqslant\xi<b)=P(a\leqslant\xi\leqslant b)=P(a<\xi\leqslant b)=P(a<\xi<b)$$
$$=\int_a^b f(x)\mathrm{d}x.$$

(3)虽然 $f(x)$ 不是 ξ 取值 x 的概率，但是 $f(x)$ 的大小能反映出 ξ 在 x 附近取值的概率的大小，如图 8-1，$f(x)$ 的数值大，则 ξ 在 x 附近取值的概率也大，$f(x)$ 的数值小，则 ξ 在 x 附近取值的概率也小．

例1　设连续型随机变量 ξ 的概率分布密度函数为

$$f(x)=\begin{cases}A(1-x),& 0\leqslant x\leqslant 1,\\ 0,& \text{其他}.\end{cases}$$

试求：(1)常数 A；(2)$P\left(\dfrac{1}{4}\leqslant x<1\right)$；(3)$P\left(-4<x<\dfrac{1}{2}\right)$.

解　(1)因为 $\int_{-\infty}^{+\infty}f(x)\mathrm{d}x=1$，所以 $\int_{-\infty}^0 f(x)\mathrm{d}x+\int_0^1 f(x)\mathrm{d}x+\int_1^{+\infty}f(x)\mathrm{d}x=1$.

于是　　　　　　　$\int_{-\infty}^0 0\mathrm{d}x+\int_0^1 A(1-x)\mathrm{d}x+\int_1^{+\infty}0\mathrm{d}x=1$，

就是　　　　　　　$A\left(x-\dfrac{1}{2}x^2\right)\Big|_0^1=1$，

$$A\left(1-\dfrac{1}{2}\right)=1,A=2,$$

所以　　　　　　　$f(x)=\begin{cases}2(1-x),& 0\leqslant x\leqslant 1,\\ 0,& \text{其他}.\end{cases}$

(2)$P\left(\dfrac{1}{4}\leqslant x<1\right)=\int_{\frac{1}{4}}^1 f(x)\mathrm{d}x=\int_{\frac{1}{4}}^1 2(1-x)\mathrm{d}x$
$$=2\left(x-\dfrac{1}{2}x^2\right)\Big|_{\frac{1}{4}}^1=0.5625.$$

(3)$P\left(-4<x<\dfrac{1}{2}\right)=\int_{-4}^{\frac{1}{2}}f(x)\mathrm{d}x=\int_{-4}^0 f(x)\mathrm{d}x+\int_0^{\frac{1}{2}}f(x)\mathrm{d}x$
$$=\int_0^{\frac{1}{2}}2(1-x)\mathrm{d}x=0.75.$$

对连续型随机变量 ξ，事件"$\xi\leqslant x$"的概率 $P(\xi\leqslant x)=\int_{-\infty}^x f(t)\mathrm{d}t$

叫做连续型随机变量的**分布函数**，记作 $F(x)$，即

$$F(x) = P(\xi \leqslant x) = \int_{-\infty}^{x} f(t)\mathrm{d}t.$$

如果点 x 是 $f(x)$ 的连续点，那么 $F(x)$ 关于 x 的导数 $F'(x) = f(x)$.

一般地，对随机变量 ξ，$P(\xi \leqslant x)$ 就是随机变量 ξ 的分布函数，记作

$$F(x) = P(\xi \leqslant x).$$

三、常见的连续型随机变量的分布

1. 均匀分布

定义 2 如果随机变量 ξ 的密度函数为

$$f(x) = \begin{cases} A, & a < x < b, \\ 0, & \text{其他}, \end{cases}$$

其中 $A = \dfrac{1}{b-a}$，那么 ξ 叫做服从区间 (a,b) 内的**均匀分布**，记作 $\xi \sim U(a,b)$.

设随机变量 $\xi \sim U(a,b)$，又设 $a \leqslant c < d \leqslant b$，则有

$$P(c < \xi < d) = \int_{c}^{d} \frac{1}{b-a}\mathrm{d}x = \frac{d-c}{b-a}.$$

可见在区间 (a,b) 内服从均匀分布的随机变量 ξ，取值在 (a,b) 内任一子区间的概率与该子区间的长度成正比，而与子区间所在具体位置无关，这就是均匀分布的特点.

均匀分布常用来描述在区间 (a,b) 内取值的可能性大小相等的一类随机现象.

例 2 某公共汽车候车站，每隔五分钟有一辆公共汽车通过，假设一位乘客对于汽车通过该站的时间完全不知道（他在任一时刻到达车站都是等可能的），求该乘客候车时间不超过 2 分钟的概率.

解 按题意，该乘客候车时间 ξ 的取值范围是 $(0,5)$，且 ξ 服从区间 $(0,5)$ 内的均匀分布，其密度函数为

$$f(x) = \begin{cases} \dfrac{1}{5}, & 0 < x < 5, \\ 0, & \text{其他}, \end{cases}$$

则乘客候车时间不超过 2 分钟的概率 $P(0 < \xi \leqslant 2) = \int_{0}^{2} f(x)\mathrm{d}x = \int_{0}^{2} \frac{1}{5}\mathrm{d}x = \frac{2}{5}$.

2. 指数分布

定义 3 如果随机变量 ξ 的密度函数为

$$f(x) = \begin{cases} \lambda \mathrm{e}^{-\lambda x}, & x \geqslant 0, \\ 0, & x < 0, \end{cases}$$

其中 $\lambda > 0$ 为常数，那么 ξ 叫做服从参数为 λ 的**指数分布**，记作 $\xi \sim e(\lambda)$.

指数分布的应用是多方面的，如电子元件的"寿命"、电路中的保险丝的"寿命"、轴承的"寿命"、随机服务系统中的服务时间等都是服从指数分布的随机变量.

例 3 设某电子元件使用寿命（单位：h）$\xi \sim e\left(\dfrac{1}{2\,000}\right)$，试求下列概率：

(1)任取一支，使用寿命达 1 000 h 以上.

(2)任取一支已使用 1 000 h 以后，继续使用 1 000 h 以上.

解 由题设可知，密度函数为

$$f(x) = \begin{cases} \dfrac{1}{2\,000}\mathrm{e}^{-\frac{x}{2\,000}}, & x \geqslant 0, \\ 0, & x < 0, \end{cases}$$

故（1）

$$P(\xi > 1\,000) = \int_{1\,000}^{+\infty} f(x)\,\mathrm{d}x = \int_{1\,000}^{+\infty} \frac{1}{2\,000}\mathrm{e}^{-\frac{x}{2\,000}}\,\mathrm{d}x$$

$$= -\mathrm{e}^{-\frac{x}{2\,000}}\Big|_{1\,000}^{+\infty} = \mathrm{e}^{-\frac{1}{2}} = 0.606\,5.$$

（2）

$$P(\xi > 2\,000\,|\,\xi > 1\,000) = \frac{P(\{\xi > 2\,000\} \bigcap \{\xi > 1\,000\})}{P(\xi > 1\,000)}$$

$$= \frac{P(\xi > 2\,000)}{P(\xi > 1\,000)} = \frac{\mathrm{e}^{-1}}{\mathrm{e}^{-\frac{1}{2}}} = 0.606\,5.$$

上述两小问中的概率相等绝非巧合,说明了指数分布具有无记忆性的特点.对这一特点的一般叙述是:对于某些"寿命"相当长的考察对象,已经有了较长时间 t 的经历后,能再持续 Δt 的概率与前面的时间 t 无关.这相当于前面时间 t 中的经历被"忘记"了.

3. 正态分布

正态分布是最常见的也是最重要的一种分布.它广泛存在于客观世界的自然现象及社会现象中.例如,调查一大批人的身高,其高度 ξ 是一个随机变量.ξ 取值的特点是高度在某一范围(平均值临近)内的人数最多,较高和较低的人数较少,即 ξ 的分布具有"中间大"、"两头小"的特点.再例如:人的体重;测量误差;产品的长度、宽度、高度;产品的质量指标等等.这些随机变量,取值的特点也是"中间大""两头小".凡是具有这种特点的随机变量,一般都可以认为服从正态分布.

定义 4　如果连续型随机变量 ξ 的密度函数为 $f(x) = \dfrac{1}{\sqrt{2\pi}\,\sigma}\mathrm{e}^{-\frac{(x-\mu)^2}{2\sigma^2}}\ (-\infty < x < +\infty)$,其中 μ,σ 为常数($-\infty < \mu < +\infty,\sigma > 0$),那么 ξ 叫做服从参数为 μ,σ^2 的**正态分布**,记作 $\xi \sim N(\mu,\sigma^2)$.

正态分布的密度函数 $f(x)$ 的图形叫做正态曲线,图 8—2 中给出了三条正态曲线,它们的 μ 都等于 0,σ 分别为 $0.5,1,2$.图 8—3 中给出了三条正态曲线,它们的 μ 都等于 1,σ 分别为 $0.5,1,2$.从图 8—2 和图 8—3 可以看出,正态曲线具有如下特点:

图 8—2

图 8—3

（1）曲线位于 x 轴的上方呈钟形：中间高，两头低.关于直线 $x=\mu$ 对称，并且以 x 轴为渐近线.

（2）当 $x=\mu$ 时，曲线处于最高点，此时 $f(x)$ 达到最大值，当 x 向左、向右远离 μ 时，曲线逐渐降低.

（3）参数 μ 决定了正态曲线的位置，当 $\mu=0$ 时，曲线关于 y 轴对称.当 μ 取正数越来越大时，曲线沿 x 轴正向向右平移；当 μ 取负数越来越小时，曲线沿 x 轴负向向左平移，μ 叫做位置参数.

（4）参数 σ 决定了正态曲线的形状，σ 越小，曲线越"高瘦"，即 ξ 的取值密集于 μ 的附近.σ 越大，曲线越"矮胖"，即 ξ 的取值越分散，σ 叫做形状参数.

特别地，当 $\mu=0,\sigma=1$ 时，正态分布 $N(\mu,\sigma^2)$ 变为 $N(0,1)$，$N(0,1)$ 叫做标准正态分布，它的密度函数通常记作 $\varphi(x)$，即

$$\varphi(x)=\frac{1}{\sqrt{2\pi}}e^{-\frac{x^2}{2}}\ (-\infty<x<+\infty).$$

它的图形叫做**标准正态曲线**（如图 $8-2$，中间的一条），它的分布函数记作 $\Phi(x)$，且

$$\Phi(x)=\int_{-\infty}^{x}\frac{1}{\sqrt{2\pi}}e^{-\frac{t^2}{2}}\mathrm{d}t.$$

$\Phi(x)$ 叫做标准正态分布函数.它是一个无穷区间上的广义积分.它表示的就是标准正态曲线下小于 x 的区域面积，如图 $8-4$ 所示的阴影部分.

$\Phi(x)$ 的计算是困难的，为此编制了它的近似值表（附表 1：标准正态分布函数值表），供我们使用.当 $x\geqslant0$ 时，可直接查表求出 $\Phi(x)$ 的值.

例 4 若 $\xi\sim N(0,1)$，查标准正态分布函数值表，求 $P(\xi\leqslant1.65)$.

解 $P(\xi\leqslant1.65)=\Phi(1.65)$，在标准正态分布函数值表中第一列找到"1.6"的行，再从表顶行找到"0.05"的列，它们的交叉处的数"0.950 5"即为所求，所以

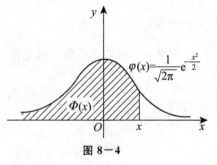

图 $8-4$

$$P(\xi\leqslant1.65)=0.950\ 5.$$

当 $x<0$ 时，$\Phi(x)$ 的值可通过下列公式计算：$\Phi(x)=1-\Phi(-x)$（其中 $x<0$）.

另外，如果 $\xi\sim N(0,1)$，我们还经常用到下面三个公式计算有关概率：

$$P(x_1\leqslant\xi<x_2)=\Phi(x_2)-\Phi(x_1),$$
$$P(\xi\geqslant x)=1-\Phi(x),$$
$$P(|\xi|\leqslant x)=2\Phi(x)-1（其中 x>0）.$$

例 5 设 $\xi\sim N(0,1)$，求

(1)$P(\xi\leqslant-1.24)$；(2)$P(0.5\leqslant\xi<1.5)$；(3)$P(\xi\geqslant1.5)$；(4)$P(|\xi|<1.54)$.

解 (1)$P(\xi\leqslant-1.24)=\Phi(-1.24)=1-\Phi(1.24)=1-0.892\ 5=0.107\ 5.$

(2)$P(0.5\leqslant\xi<1.5)=\Phi(1.5)-\Phi(0.5)=0.933\ 2-0.691\ 5=0.241\ 7.$

(3)$P(\xi\geqslant1.5)=1-\Phi(1.5)=1-0.933\ 2=0.066\ 8.$

(4)$P(|\xi|<1.54)=2\Phi(1.54)-1=2\times0.938\ 2-1=0.876\ 4.$

定理 1 如果 $\xi\sim N(\mu,\sigma^2)$，$\eta\sim N(0,1)$，其分布函数分别记作 $F(x)$ 和 $\Phi(x)$，则 $F(x)=$

$$\Phi\left(\frac{x-\mu}{\sigma}\right).$$

由此定理知:一般正态分布的分布函数值的计算可以转化为标准正态分布的分布函数值的计算.

定理 2　如果 $\xi \sim N(\mu,\sigma^2)$,而 $\eta=\dfrac{\xi-\mu}{\sigma}$,则 $\eta \sim N(0,1)$.

定理中的 $\eta=\dfrac{\xi-\mu}{\sigma}$ 叫做正态分布的标准化,其目的是将一般正态分布化为标准正态分布,以便使用附表 1 进行计算.

例 6　设 $\xi \sim N(349.2,4^2)$,求 $P(\xi<340)$.

解　$P(\xi<340)=F(340)=\Phi\left(\dfrac{340-349.2}{4}\right)=\Phi(-2.3)$

$$=1-\Phi(2.3)=0.010\ 7.$$

例 7　某城市公交系统推出 TC 模式,现需要设计一批新的公交车.假设该城市成年男子的身高 $X \sim N(170,36)$(单位:cm),则应如何选择公交车门的高度呢?

解　不妨假设车门的高度为 x cm,该高度使得男子与车门的碰头机会小于 0.01,即

$$P(X \leqslant x)=\Phi\left(\frac{x-170}{6}\right)=0.99.$$

查表,得 $\Phi(2.33)=0.99$,即 $\dfrac{x-170}{6}=2.33$,解得 $x=170+6\times2.33=183.98\approx184$.

即当车门的高度不小于 184 cm 时,男子与车门的碰头机会小于 0.01.

习题 8—2

1. 设随机变量 ξ 的密度函数为

$$f(x)=\begin{cases} a\cos x, & -\dfrac{\pi}{2} \leqslant x \leqslant \dfrac{\pi}{2}, \\ 0, & x<-\dfrac{\pi}{2} \text{ 或 } x>\dfrac{\pi}{2}. \end{cases}$$

求:(1)系数 a;(2)$P\left(0 \leqslant x<\dfrac{\pi}{4}\right)$.

2. 已知随机变量 ξ 的密度函数为

$$f(x)=\begin{cases} x+1, & x \in [-1,0), \\ 1-x, & x \in [0,1], \\ 0, & x<-1 \text{ 或 } x>1. \end{cases}$$

求 ξ 在区间 $(-0.5,0.5)$ 内取值的概率.

3. 设电子管的使用寿命的密度函数为

$$f(x)=\begin{cases} \dfrac{100}{x^2}, & x>100, \\ 0, & x \leqslant 100. \end{cases}$$

问在 150 小时内,

(1)三只管子中没有一只损坏的概率是多少?

(2)三只管子全损坏的概率是多少?

4. 某公共汽车站从上午 7 时起每隔 15 分钟有一班车通过，即在 7:00,7:15,7:30,7:45 等时刻有车通过. 如果某乘客到达此站的时间是 7:00 到 7:30 之间的均匀随机变量，试求该乘客候车时间

(1)不到 5 分钟的概率；(2)超过 10 分钟的概率.

5. 已知随机变量 ξ 的密度函数为 $f(x) = \begin{cases} 0.015e^{-0.015x}, & x \geq 0, \\ 0, & x < 0. \end{cases}$ 计算：(1) $P(\xi > 100)$；

(2)如果要 $P(\xi > x) < 0.1$，那么 x 要在哪个范围内.

6. 设 $\xi \sim N(0,1)$，查标准正态分布函数值表，求下列各式的值.

(1) $P(\xi < 2.2)$；　　　(2) $P(\xi > 1.76)$；　　　(3) $P(\xi < -0.78)$；

(4) $P(|\xi| < 1.55)$；　　(5) $P(|\xi| > 2.5)$.

7. 某地区通过统计调查，了解到所有人的商业贷款有 68% 是购房贷款. 而年龄在 35 岁以下的购房贷款人的平均贷款数额是 18 万元. 假设这一年龄组的贷款额度服从正态分布，其中标准差（即正态分布的参数 σ）为 4 万元. 求：

(1)贷款数额超过 20 万元的人所占百分比；

(2)10% 的最少债务人有多少债务；

(3)5% 的最高债务人超过多少数额.

第三节　随机变量的数字特征

一、随机变量的数学期望

1. 离散型随机变量的数学期望

先看个例子.

例 1　某射手射击所得环数 ξ 的分布列如下：

ξ	4	5	6	7	8	9	10
P	0.02	0.04	0.06	0.09	0.28	0.29	0.22

在 n 次射击之前，虽然不能确定各次射击所得的环数，但可以根据已知的分布列预计 n 次射击的平均环数，具体来讲，他在 n 次射击中，预计有

$$P(\xi = 4) \times n = 0.02n \text{ 次得 } 4 \text{ 环,}$$
$$P(\xi = 5) \times n = 0.04n \text{ 次得 } 5 \text{ 环,}$$
$$\cdots$$
$$P(\xi = 10) \times n = 0.22n. \text{ 次得 } 10 \text{ 环.}$$

于是，n 次射击的总环数等于

$$4 \times 0.02n + 5 \times 0.04n + \cdots + 10 \times 0.22n$$
$$= (4 \times 0.02 + 5 \times 0.04 + \cdots + 10 \times 0.22) \times n,$$

从而，n 次射击的平均环数为

$$4 \times 0.02 + 5 \times 0.04 + \cdots + 10 \times 0.22 = 8.3.$$

上式左端是 ξ 的可取值与其相应概率的乘积之和.

定义 1　如果离散型随机变量 ξ 的概率分布为

ξ	x_1	x_2	$\cdots$	x_k	$\cdots$
P	p_1	p_2	$\cdots$	p_k	$\cdots$

且级数 $\sum\limits_{k=1}^{\infty} x_k p_k$ 绝对收敛,那么级数 $\sum\limits_{k=1}^{\infty} x_k p_k$ 叫做离散型随机变量 ξ 的**数学期望**(简称**期望**)或**均值、平均数**,记作 $E(\xi)$,即

$$E(\xi) = \sum_{k=1}^{\infty} x_k p_k. \tag{8-1}$$

它反映了离散型随机变量 ξ 取值的平均水平.

显然如果 ξ 的取值为有限个,那么 $E(\xi) = \sum\limits_{k=1}^{n} x_k p_k$.

由上述定义可知,ξ 的数学期望,不是 ξ 可取值的算术平均值,而是与 ξ 的可取值与其相应概率密切相关的.

例如,前面例1中 ξ 的数学期望 $E(\xi)=8.3$,它反映了该射手所得环数 ξ 的平均值,从一个方面反映了射手的射击水平.

例2 A、B 两个工人生产同一种产品,日产量相同,在一天中出现的不合格件数分别为 ξ 和 η,其分布列为

ξ	0	1	2	3	4
P	0.4	0.3	0.2	0.1	0

η	0	1	2	3	4
P	0.5	0.1	0.2	0.1	0.1

试比较这两个工人生产该种产品的技术水平.

解 先求他们各自出现不合格品的平均数:

$$E(\xi) = 0 \times 0.4 + 1 \times 0.3 + 2 \times 0.2 + 3 \times 0.1 + 4 \times 0 = 1.$$
$$E(\eta) = 0 \times 0.5 + 1 \times 0.1 + 2 \times 0.2 + 3 \times 0.1 + 4 \times 0.1 = 1.2.$$

这表明:工人 B 平均每天出的废品数要比工人 A 多,从这个意义上说,A 的技术比 B 好.

2. 连续型随机变量的数学期望

定义2 如果连续型随机变量 ξ 的密度函数是 $f(x)$,且 $\int_{-\infty}^{+\infty} xf(x)\mathrm{d}x$ 绝对收敛,那么积分 $\int_{-\infty}^{+\infty} xf(x)\mathrm{d}x$ 叫做连续型随机变量 ξ 的**数学期望或均值**,记作 $E(\xi)$,即

$$E(\xi) = \int_{-\infty}^{+\infty} xf(x)\mathrm{d}x. \tag{8-2}$$

$E(\xi)$ 同样也反映了连续型随机变量 ξ 取值的平均水平.

例3 已知连续型随机变量 ξ 服从均匀分布,求 $E(\xi)$.

解 随机变量 ξ 的密度函数为

$$f(x) = \begin{cases} \dfrac{1}{b-a}, & a < x < b, \\ 0, & \text{其他}. \end{cases}$$

所以
$$E(\xi) = \int_{-\infty}^{+\infty} xf(x)\mathrm{d}x = \int_a^b \frac{x}{b-a}\mathrm{d}x = \frac{1}{b-a}\frac{x^2}{2}\Big|_a^b = \frac{a+b}{2}.$$

$E(\xi)$ 恰好是区间 (a,b) 的中点，这与 $E(\xi)$ 表示随机变量 ξ 取值的平均水平相符.

3. 数学期望的性质与随机变量函数的期望

数学期望具有下列性质：

性质 1 $E(k\xi+c)=kE(\xi)+c$（其中 k,c 为常数）.

特别当 $k=0$ 时，有 $E(c)=c$.

性质 2 $E(\xi+\eta)=E(\xi)+E(\eta)$

性质 2 可以推广到 n 个随机变量的情形，即对任意 n 个随机变量 $\xi_1,\xi_2,\cdots,\xi_n$，都有
$$E(\xi_1+\xi_2+\cdots+\xi_n) = E\xi_1 + E\xi_2 + \cdots + E\xi_n.$$

性质 3 如果是相互独立的随机变量，则
$$E(\xi\eta) = E(\xi)E(\eta).$$

性质 3 中提到的 ξ,η 相互独立指的是如果随机变量 ξ,η 表示的事件都相互独立. 那么 ξ,η 叫做相互独立. 一般地，如果 n 个随机变量 $\xi_1,\xi_2,\cdots,\xi_n$ 表示的事件都相互独立，那么 $\xi_1,\xi_2,\cdots,\xi_n$ 叫做相互独立.

例 4 设随机变量 ξ,η 的数学期望分别为 $E(\xi)=1,E(\eta)=10$，求 $E(3\xi-2),E(3\xi+4\eta)$.

解 $E(3\xi-2)=3E(\xi)-2=3\times1-2=1.$

$\quad\quad E(3\xi+4\eta)=3E(\xi)+4E(\eta)=3\times1+4\times10=43.$

设 $g(x)$ 是一个连续函数，它对于随机变量 ξ 的一切可取值都有意义，如果存在另一个随机变量 η，其可能取值 y 由 $g(x)$ 确定，即 $y=g(x)$，那么 η 就是随机变量 ξ 的函数，并记作 $\eta=g(\xi)$.

定义 3 如果 ξ 是离散型随机变量且其概率分布为

ξ	x_1	x_2	$\cdots$	x_k	$\cdots$
P	p_1	p_2	$\cdots$	p_k	$\cdots$

那么随机变量函数 $\eta=g(\xi)$ 也是离散型随机变量，且其数学期望为
$$E(\eta) = E[g(\xi)] = \sum_{k=1}^{\infty} g(x_k)p_k. \tag{8-3}$$

定义 4 如果 ξ 是连续型随机变量且其密度函数为 $f(x)$，那么随机变量函数 $\eta=g(\xi)$ 也是连续型随机变量，且其数学期望为
$$E(\eta) = E[g(\xi)] = \int_{-\infty}^{+\infty} g(x)f(x)\mathrm{d}x. \tag{8-4}$$

例 5 已知随机变量 ξ 的分布列为

ξ	-2	-1	0	1	3
P	$\frac{1}{5}$	$\frac{1}{6}$	$\frac{1}{5}$	$\frac{1}{15}$	$\frac{11}{30}$

$\eta=\xi^2$，求 $E(\eta)$.

解 $E(\eta)=E(\xi^2)=(-2)^2\times\frac{1}{5}+(-1)^2\times\frac{1}{6}+0^2\times\frac{1}{5}+1^2\times\frac{1}{15}+3^2\times\frac{11}{30}=\frac{13}{3}.$

例 6 已知随机变量 ξ 的密度函数为

$$f(x) = \begin{cases} e^{-x}, x \geqslant 0, \\ 0, x < 0, \end{cases}$$

$\eta = e^{\frac{2\xi}{3}}$，求 $E(\eta)$.

解 $E(\eta) = E(e^{\frac{2\xi}{3}}) = \int_{-\infty}^{+\infty} e^{\frac{2x}{3}} f(x) \mathrm{d}x = \int_{0}^{+\infty} e^{\frac{2x}{3}} e^{-x} \mathrm{d}x$

$$= \int_{0}^{+\infty} e^{-\frac{x}{3}} \mathrm{d}x = -3e^{-\frac{1}{3}x} \Big|_{0}^{+\infty} = 3.$$

二、随机变量的方差

数学期望从一个方面反映了随机变量的重要特征，但在很多情况下，仅知道均值是不够的. 例如，用某种方法生产一批 10 瓦的小日光灯管，现在从灯管的长度来评定这种加工方法是否较好. 规定灯管长度在 29.9 厘米和 30.1 厘米之间的为合格品，如果仅知道生产的灯管的平均长度为 30 厘米，这并不能说明生产的灯管都合格，而如果又知道生产的灯管长度与平均长度的差都很小，绝大部分不超过 ± 0.1 厘米，那么生产灯管的合格品率就高，这种加工方法也就较好. 如果把生产的灯管的长度作为随机变量 ξ，那么任意灯管的长度与平均长度的偏差 $\xi - E(\xi)$ 也是一个随机变量，很自然地想到利用 $\xi - E(\xi)$ 的均值来度量偏离程度的大小，但这是行不通的，因为偏差 $\xi - E(\xi)$ 可正也可负. 为防止正、负偏差相互抵消，我们想到用 $[\xi - E(\xi)]^2$ 来度量随机变量与其均值的偏离程度.

1. 方差的概念

定义 5 设 ξ 是一个随机变量，$E[\xi - E(\xi)]^2$ 叫做随机变量 ξ 的方差，记作 $D(\xi)$，即 $D(\xi) = E[\xi - E(\xi)]^2$.

$D(\xi)$ 的算术平方根 $\sqrt{D(\xi)}$ 叫做**均方差**或**标准差**.

2. 方差的计算及其意义

从定义上看，方差实质上是随机变量函数的数学期望，因而有关方差的计算只需纳入(8—3)式或(8—4)式统一处理即可，于是

如果 ξ 是离散型随机变量，运用(8—3)式可得

$$D(\xi) = E[\xi - E(\xi)]^2 = \sum_{k=1}^{\infty} [x_k - E(\xi)]^2 p_k. \tag{8—5}$$

如果 ξ 是连续型随机变量，运用(8—4)式可得

$$D(\xi) = E[\xi - E(\xi)]^2 = \int_{-\infty}^{+\infty} [x - E(\xi)]^2 f(x) \mathrm{d}x. \tag{8—6}$$

可见方差 $D(\xi) \geqslant 0$. 较大方差说明随机变量取值与它的期望有较大偏差，即随机变量取值比较分散，反之，则表示随机变量取值比较集中. 因此，方差是衡量随机变量取值集中(或分散)程度的数字特征.

3. 方差计算的简化公式

运用 (8—5) 式或(8—6)式计算方差有时是很不方便的. 因此，引入简化计算公式

$$D(\xi) = E(\xi^2) - [E(\xi)]^2. \tag{8—7}$$

事实上

$$D(\xi) = E[\xi - E(\xi)]^2 = E\{\xi^2 - 2\xi E(\xi) + [E(\xi)]^2\}$$

$$= E(\xi^2) - 2E(\xi) \cdot E(\xi) + [E(\xi)]^2$$
$$= E(\xi^2) - [E(\xi)]^2.$$

例 7 设 ξ 服从 $0-1$ 分布，求 $D(\xi)$.

解 因为 ξ 的分布列为

ξ	0	1
P	q	p

所以 $E(\xi) = 0 \times q + 1 \times p = p.$

又因为 $E(\xi^2) = 0^2 \times q + 1^2 \times p = p,$

所以

$$D(\xi) = E(\xi^2) - [E(\xi)]^2 = p - p^2$$
$$= p(1-p) = pq.$$

例 8 在相同的条件下，用两种方法测量某零件的长度（单位：mm），由大量测量结果得到它们的分布列如下：

长度 l	48	49	50	51	52
方法 1 的概率	0.1	0.1	0.6	0.1	0.1
方法 2 的概率	0.2	0.2	0.2	0.2	0.2

试比较哪一种方法的精确度较好.

解 设用方法 1 与方法 2 测得的结果分别记为 ξ 和 η，显然

$$E(\xi) = 48 \times 0.1 + 49 \times 0.1 + 50 \times 0.6 + 51 \times 0.1 + 52 \times 0.1 = 50.$$
$$E(\eta) = 48 \times 0.2 + 49 \times 0.2 + 50 \times 0.2 + 51 \times 0.2 + 52 \times 0.2 = 50.$$

为了比较这两种方法的精确度，现在计算它们的方差：

$$D(\xi) = (48-50)^2 \times 0.1 + (49-50)^2 \times 0.1$$
$$+ (50-50)^2 \times 0.6 + (51-50)^2 \times 0.1 + (52-50)^2 \times 0.1 = 1.$$
$$D(\eta) = (48-50)^2 \times 0.2 + (49-50)^2 \times 0.2$$
$$+ (50-50)^2 \times 0.2 + (51-50)^2 \times 0.2 + (52-50)^2 \times 0.2 = 2.$$

因为 $D(\xi) < D(\eta)$，所以方法 1 较精确.

例 9 已知 ξ 服从均匀分布，求 $D(\xi)$.

解 ξ 的密度函数为 $f(x) = \begin{cases} \dfrac{1}{b-a}, & a < x < b, \\ 0, & \text{其他}. \end{cases}$

由例 3 知 $E(\xi) = \dfrac{a+b}{2}$，因为

$$E(\xi^2) = \int_{-\infty}^{+\infty} x^2 f(x) \mathrm{d}x = \int_a^b x^2 \cdot \frac{1}{b-a} \mathrm{d}x = \frac{1}{3}(b^2 + ab + a^2),$$

所以 $D(\xi) = E(\xi^2) - [E(\xi)]^2 = \dfrac{1}{3}(b^2 + ab + a^2) - \left(\dfrac{a+b}{2}\right)^2 = \dfrac{1}{12}(b-a)^2.$

4. 方差的性质

性质 1 $D(k\xi + c) = k^2 D(\xi)$ （其中 k, c 为常数）.

特别当 $k=0$ 时,有 $D(c)=0$.

性质 2　如果 ξ,η 是相互独立的随机变量,则 $D(\xi+\eta)=D(\xi)+D(\eta)$.

对任意 n 个相互独立的随机变量 $\xi_1,\xi_2,\cdots,\xi_n$,则有

$$D(\xi_1+\xi_2+\cdots+\xi_n)=D(\xi_1)+D(\xi_2)+\cdots+D(\xi_n).$$

例 10　已知随机变量 ξ 服从均匀分布,$\eta=2\xi+7$,求方差 $D(\eta)$.

解　由例 9 知 $D(\xi)=\dfrac{1}{12}(b-a)^2$,故

$$D(\eta)=D(2\xi+7)=2^2D(\xi)=4\cdot\frac{1}{12}(b-a)^2=\frac{1}{3}(b-a)^2.$$

常用分布的数学期望和方差

分布名称	简略记号	概率分布	数学期望	方差
两点分布	$B(1,p)$	$P(\xi=0)=q,P(\xi=1)=p$	p	pq
二项分布	$B(n,p)$	$P_n(k)=C_n^k p^k q^{n-k}(k=0,1,2,\cdots)$	np	npq
泊松分布	$\pi(\lambda)$	$P(\xi=k)=\dfrac{\lambda^k}{k!}e^{-\lambda}(k=0,1,2,\cdots)$	λ	λ
均匀分布	$U(a,b)$	$f(x)=\begin{cases}A,a<x<b,\\0,\text{其他}\end{cases}$	$\dfrac{a+b}{2}$	$\dfrac{(b-a)^2}{12}$
指数分布	$e(\lambda)$	$f(x)=\begin{cases}\lambda e^{-\lambda x},&x\geqslant0,\\0,&x<0\end{cases}(\lambda>0)$	$\dfrac{1}{\lambda}$	$\dfrac{1}{\lambda^2}$
正态分布	$N(\mu,\sigma^2)$	$f(x)=\dfrac{1}{\sqrt{2\pi}\sigma}e^{-\frac{(x-\mu)^2}{2\sigma^2}}(-\infty<x<+\infty)$	μ	σ^2

由以上可知,随机变量的数学期望和方差,都是由各自的分布列或密度函数唯一确定,其值与分布的参数有关.

习题 8-3

1. 已知随机变量 $\xi\sim N(\mu,\sigma^2)$,求 $E\left(\dfrac{\xi-\mu}{\sigma}\right)$.

2. 设随机变量 $\xi_1,\xi_2,\cdots,\xi_n$ 相互独立且每个都服从 0-1 分布

ξ_i	0	1
P	q	p

求 $E(\xi_1+\xi_2+\cdots+\xi_n)$.

3. 设 ξ 的概率分布为

ξ	-1	0	2	3
P	$\dfrac{1}{8}$	$\dfrac{1}{4}$	$\dfrac{3}{8}$	$\dfrac{1}{4}$

求 $E\xi,E\xi^2,E(-2\xi+1)$.

4. 已知 ξ 服从 $(0,2\pi)$ 内的均匀分布,求 $E(\sin\xi)$.

5. 已知相互独立的随机变量 ξ、η 的分布列如下：

ξ	0	1	2	3
P	0.3	0.1	0.2	0.4

η	0	1	2	3	4
P	0.5	0.1	0.2	0.1	0.1

求 $D(\xi)$，$D(\eta)$，$D(3\xi-5\eta)$.

6. 已知随机变量 ξ 的密度函数是

$$f(x)=\begin{cases} x+1, & x\in[-1,0), \\ 1-x, & x\in[0,1], \\ 0, & x<-1 \text{ 或 } x>1. \end{cases}$$

求 $D(\xi)$.

7. 设随机变量 $\xi_1,\xi_2,\cdots,\xi_n$ 相互独立且每个都服从同一个 $0-1$ 分布，求 $D(\xi_1+\xi_2+\cdots+\xi_n)$.

8. 求指数分布的标准差.

9. 设 $\xi\sim N(\mu,\sigma^2)$，求 $D\left(\dfrac{\xi-\mu}{\sigma}\right)$.

第四节　统计量及其分布

一、总体、样本和统计量

1. 总体与个体

研究现象的全体叫做**总体**. 组成总体的每一个对象叫做**个体**.

在实际中，我们关心的往往只是研究对象的某一数量指标. 例如，对于某厂生产的一批显像管，如果我们关心的是它们的使用寿命，则这批显像管的使用寿命的全体就是总体，而每个显像管的使用寿命就是个体. 同时，我们还应看到，即使是同一个工厂生产的显像管，由于某些偶然因素的影响，它们的使用寿命也不完全相同，这表明显像管的使用寿命 ξ 是个随机变量，由此看来，总体实际上就是某个随机变量 ξ 取值的全体.

2. 样本与样本值

为了研究总体的情况，对其个体逐一考察往往是不必要、不可能或者不允许的. 一个可行的办法是从总体中抽取部分个体进行逐个测试.

从总体 ξ 中随机抽取 n 个个体 $\xi_1,\xi_2,\cdots,\xi_n$，它们都是随机变量. $(\xi_1,\xi_2,\cdots,\xi_n)$ 叫做总体 ξ 的一个**容量为 n 的样本**. 对样本的一次观测，所得到一组数据 $(x_1,x_2,\cdots,x_n)$ 叫做**样本的观测值或样本值**，其中 x_i 叫做第 i 个分量.

要使样本与样本值能很好地反映总体的特征，必须合理地抽取样本，不能有偏向地选取某些个体，而必须从总体中随机地抽取.

如果从总体中随机抽取容量为 n 的一个样本 $(\xi_1,\xi_2,\cdots,\xi_n)$ 满足下列两个性质：

(1)代表性：样本中每个 $\xi_i(i=1,2,\cdots,n)$ 和总体 ξ 具有相同的分布.

(2)独立性：样本中 $\xi_1,\xi_2,\cdots,\xi_n$ 是互相独立的随机变量.

满足上述性质的样本叫做简单随机样本. 今后所指的样本均为简单随机样本.

3. 统计量

(1)样本均值和样本方差

为了估计和推断总体的某些性质,往往从样本的两个数字特征——样本均值和样本方差入手.

定义 1 设 $(\xi_1, \xi_2, \cdots, \xi_n)$ 是总体 ξ 的一个容量为 n 的样本,那么

$$\bar{\xi} = \frac{1}{n} \sum_{i=1}^{n} \xi_i$$

叫做**样本均值**.

$$s^2 = \frac{1}{n-1} \sum_{i=1}^{n} (\xi_i - \bar{\xi})^2$$

叫做**样本方差**.

$$s = \sqrt{\frac{1}{n-1} \sum_{i=1}^{n} (\xi_i - \bar{\xi})^2}$$

叫做**样本标准差**.

由于 $\xi_1, \xi_2, \cdots, \xi_n$ 是 n 个随机变量,从而样本均值 $\bar{\xi}$ 和样本方差 s^2 也都是随机变量.当样本 $(\xi_1, \xi_2, \cdots, \xi_n)$ 的样本值为 $(x_1, x_2, \cdots, x_n)$ 时,样本均值的观测值 $\bar{x}$ 与样本方差的观测值 s^2 分别为实数:

$$\bar{x} = \frac{1}{n} \sum_{i=1}^{n} x_i \quad 与 \quad s^2 = \frac{1}{n-1} \sum_{i=1}^{n} (x_i - \bar{x})^2.$$

对于不同次的抽取,样本值可能不同,因此,$\bar{x}$ 与 s^2 亦可能变化.但对于一组确定的样本值来说,$\bar{x}$ 与 s^2 的值只有一个.$\bar{x}$ 反映了样本取值的平均水平,而 s^2(或 s)反映了样本取值的集中(或分散)程度.$\bar{x}$ 和 s^2 可在计算器上直接计算,如下例.

例 1 从某总体中抽取一个容量为 5 的样本,测得样本值为

$$417.3, \ 418.1, \ 419.4, \ 420.1, \ 421.5,$$

求 $\bar{x}$ 和 s^2.

解 使用计算器得到:$\bar{x} = 419.28, s^2 = 2.732$.

(2)统计量

设 $(\xi_1, \xi_2, \cdots, \xi_n)$ 是总体 ξ 的一个样本,那么样本的不包含任何未知参数的函数 $f(\xi_1, \xi_2, \cdots, \xi_n)$ 叫做**统计量**.

显然样本均值 $\bar{\xi}$ 和样本方差 s^2 都是统计量.又如,设 $\xi \sim N(\mu, \sigma^2)$,其中 μ 已知,σ^2 未知,$(\xi_1, \xi_2, \cdots, \xi_n)$ 为 ξ 的一个样本,则 $\sum_{i=1}^{n} (\xi_i - \mu)^2$ 为统计量,而 $\frac{1}{\sigma} \sum_{i=1}^{n} \xi_i$ 不是统计量.

二、常见统计量的分布

1. 样本均值 $\bar{\xi}$ 的分布和 u 变量及其分布

定义 2 设 $(\xi_1, \xi_2, \cdots, \xi_n)$ 是正态总体 $\xi \sim N(\mu, \sigma^2)$ 的一个样本,μ, σ^2 为已知参数,那么统计量 $u = \frac{\sqrt{n}}{\sigma} (\bar{\xi} - \mu)$ 叫做 u **变量**.

因为 u 变量是样本均值 $\bar{\xi} \sim \left(\mu, \frac{\sigma^2}{n} \right)$ 标准化后得到的,即 $u = \frac{\bar{\xi} - \mu}{\sqrt{\frac{\sigma^2}{n}}} = \frac{\sqrt{n}}{\sigma} (\bar{\xi} - \mu)$,所以由 §8-2 中的定理 2 知 $u \sim N(0, 1)$.

由于 u 服从标准正态分布，因此 $P(|u|<2)$ 的值可查附表 1 得到：

$$P(|u|<2)=0.954\ 4.$$

反之，如果先给出概率值 0.95，即

$$P(|u|<\lambda)=0.95,$$

那么如何通过附表 1 来求 λ 的值呢？

因为标准正态曲线关于 y 轴对称（如图 8—5 所示），如果设 $1-\alpha=0.95$，那么 $\alpha=0.05$，则 $\dfrac{\alpha}{2}=0.025$，即图 8—5 右边阴影部分的面积为 0.025．有

$$\Phi(\lambda)=\int_{-\infty}^{\lambda}\varphi(x)\mathrm{d}x=1-\frac{\alpha}{2}=0.975.$$

图 8—5

在附表 1 中，我们找到 $\Phi(x)=0.975$，再看横行竖列所对的 x 值为 1.96．这种方法叫做反查标准正态分布函数值表法，所得到的数常用 $u_{\frac{\alpha}{2}}$ 表示．即

$$\lambda=u_{\frac{\alpha}{2}}=1.96.$$

一般地，我们有 $P(|u|<u_{\frac{\alpha}{2}})=1-\alpha,\lambda=u_{\frac{\alpha}{2}}.$

2. χ^2 变量及其分布

定义 3 设 $(\xi_1,\xi_2,\cdots,\xi_n)$ 是正态总体 $\xi\sim N(\mu,\sigma^2)$ 的一个样本，σ^2 已知，S^2 为样本方差，则统计量

$$\chi^2=\frac{(n-1)S^2}{\sigma^2}$$

叫做**自由度**为 $n-1$ 的 χ^2 变量，其概率分布叫做自由度为 $n-1$ 的 χ^2 分布，记作 $\chi^2\sim\chi^2(n-1)$．

χ^2 变量的密度函数 $f(x)$ 的图形如图 8—6 所示，当自由度大于 30 时，χ^2 分布就可用正态分布去近似．

图 8—6

如果选取 $\lambda_1,\lambda_2(0<\lambda_1<\lambda_2)$，如图 8−6，使得 $p(\lambda_1<\chi^2<\lambda_2)=1-\alpha=0.95$.

如何由给出的 $1-\alpha=0.95$（即 $\alpha=0.05$）及 $n-1$，求出 λ_1,λ_2 呢？可查 χ^2 分布临界值表（见附表 2）.

例如当给定 $1-\alpha=0.95,n-1=15$ 时，由附表 8−2 按自由度 $n-1$ 为 15 的行和表中 $\alpha=0.975$ 与 0.025 所对的两列，其交点位置上的值，分别为

$$\lambda_1=\chi^2_{1-\frac{\alpha}{2}}(n-1)=\chi^2_{0.975}(15)=6.26,$$

$$\lambda_2=\chi^2_{\frac{\alpha}{2}}(n-1)=\chi^2_{0.025}(15)=27.5,$$

于是有　　　　　　　　$P(\lambda_1<\chi^2<\lambda_2)=P(6.26<\chi^2<27.5)=0.95.$

一般有　　　　　　　　$P(\chi^2_{1-\frac{\alpha}{2}}(n-1)<\chi^2<\chi^2_{\frac{\alpha}{2}}(n-1))=1-\alpha.$

3. t 变量及其分布

定义 4　设 $(\xi_1,\xi_2,\cdots,\xi_n)$ 是正态总体 $\xi\sim N(\mu,\sigma^2)$ 的一个样本，μ 已知，$\bar{\xi}$ 和 S 分别为样本均值和标准差，则统计量

$$t=\frac{\bar{\xi}-\mu}{\dfrac{S}{\sqrt{n}}}$$

叫做自由度为 $n-1$ 的 t **变量**，其概率分布叫做**自由度为 $n-1$ 的 t 分布**，记作 $t\sim t(n-1)$.

t 分布的密度函数 $f(x)$ 的图形关于 y 轴对称. 如图 8−7 所示，当自由度大于 30 时，t 分布可用正态分布去近似.

由给定 $1-\alpha=0.95,n-1=4$ 以及 $P(|t|<\lambda)=0.95$，由 t 分布临界值表（附表 3），查出相应的值 $t_{\frac{\alpha}{2}}(n-1)=t_{0.025}(4)=\lambda=2.776$，所以 $P(|t|<2.776)=0.95$.

一般地，有　　　　　　$p(|t|<t_{\frac{\alpha}{2}}(n-1))=p(|t|<\lambda)=1-\alpha.$

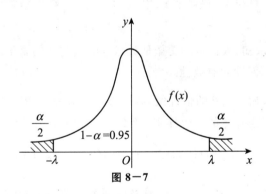

图 8−7

习题 8−4

1. 在一批试验田里对某种早稻品种进行栽培试验，抽测了其中 15 块试验田的单位面积（单位面积的大小为 $\dfrac{1}{15}$ hm²）的产量如下（产量的单位为 kg）：

$$504,402,492,495,500,501,405,409,$$

$$460,486,460,371,420,456,395,$$

求 $\bar{x}$ 和 S^2.

2. 已知 $u \sim N(0,1)$，且 $P(|u| < \lambda) = 1 - \alpha$.

(1)当 $\alpha = 0.05$ 时，求 λ.

(2)当 $\alpha = 0.01$ 时，求 λ.

(3)当 $\alpha = 0.10$ 时，求 λ.

3. 已知 $\chi^2 \sim \chi^2(n-1)$ 且 $P(\lambda_1 < \chi^2 < \lambda_2) = 1 - \alpha$，

(1)当 $\alpha = 0.05, n = 8$ 时，求 λ_1, λ_2.

(2)当 $\alpha = 0.05, n = 16$ 时，求 λ_1, λ_2.

4. 已知 $t \sim t(n-1)$，且 $P(|t| \leqslant \lambda) = 1 - \alpha$.

(1)当 $\alpha = 0.05, n = 5$ 时，求 λ.

(2)当 $\alpha = 0.10, n = 5$ 时，求 λ.

第五节　参数估计

数理统计的一个基本问题，就是要根据样本 $(\xi_1, \xi_2, \cdots, \xi_n)$ 所提供的信息，对总体 ξ 的分布及其分布的数字特征作出判断. 而在实际问题中，所遇到的又往往是已知分布类型，却未知总体参数的总体，这就产生了由样本 $(\xi_1, \xi_2, \cdots, \xi_n)$ 所构成的统计量去估计总体的参数的问题，解决这类问题的办法叫做参数估计. 参数估计分为点估计和区间估计两种.

一、点估计

1. 估计量的评价标准

设 θ 是总体 ξ 的一个未知参数，$(\xi_1, \xi_2, \cdots, \xi_n)$ 是 ξ 的一个样本，我们希望获得参数 θ 的一个估计值. 如果我们用统计量 $\hat{\theta} = \hat{\theta}(\xi_1, \xi_2, \cdots, \xi_n)$ 去估计参数 θ，则统计量 $\hat{\theta}$ 叫做 θ 的**一个估计值**.

由于参数 θ 的真值未知，人们自然希望估计量 $\hat{\theta}$ 的值与 θ 的真值越接近越好. 为此提出估计量的两个评价标准，无偏性和有效性.

无偏性：　设 $\hat{\theta}$ 为未知参数 θ 的估计值，如果 $E(\hat{\theta}) = \theta$，那么 $\hat{\theta}$ 叫做 θ 的**无偏统计量**.

设 $(\xi_1, \xi_2, \cdots, \xi_n)$ 是总体 ξ 的一个样本，且 $E(\xi) = \mu, D(\xi) = \sigma^2$，可以证明：

(1) 样本均值 $\bar{\xi} = \dfrac{1}{n}\sum\limits_{i=1}^{n} \xi_i$ 是总体均值 μ 的无偏估计量，即 $E(\bar{\xi}) = \mu$；

(2) 样本方差 $s^2 = \dfrac{1}{n-1}\sum\limits_{i=1}^{n}(\xi_i - \bar{\xi})^2$ 是总体方差 σ^2 的无偏估计量，即 $E(s^2) = \sigma^2$.

有效性：设 $\hat{\theta}_1$ 和 $\hat{\theta}_2$ 都是参数 θ 的无偏估计量，如果 $D(\hat{\theta}_1) < D(\hat{\theta}_2)$，那么叫做 $\hat{\theta}_1$ 比 $\hat{\theta}_2$ 有效.

例1　试评价数学期望的两个估计量

$$\bar{\xi} = \frac{1}{n}\sum_{i=1}^{n}\xi_i (n > 2) \text{与} \frac{\xi_1 + \xi_2}{2}$$

哪一个好一些.

解　因为 $E(\bar{\xi}) = E\left(\dfrac{1}{n}\sum\limits_{i=1}^{n}\xi_i\right) = \dfrac{1}{n}\sum\limits_{i=1}^{n}E(\xi_i) = \dfrac{1}{n} \cdot nE(\xi) = E(\xi)$，

$$E\left(\frac{\xi_1+\xi_2}{2}\right)=\frac{1}{2}\left[E(\xi_1)+E(\xi_2)\right]=E(\xi),$$

所以 $\bar{\xi}$ 与 $\frac{\xi_1+\xi_2}{2}$ 都是 $E(\xi)$ 的无偏估计量.

又因为

$$D(\bar{\xi})=D\left(\frac{1}{n}\sum_{i=1}^{n}\xi_i\right)=\frac{1}{n^2}D\left(\sum_{i=1}^{n}\xi_i\right)$$

$$=\frac{1}{n^2}\sum_{i=1}^{n}D(\xi_i)=\frac{1}{n^2}\sum_{i=1}^{n}D(\xi)=\frac{1}{n^2}\cdot n\cdot D(\xi)$$

$$=\frac{1}{n}D(\xi)\quad(n>2),$$

$$D\left(\frac{\xi_1+\xi_2}{2}\right)=\frac{1}{2^2}\left[D(\xi_1)+D(\xi_2)\right]=\frac{1}{2^2}\left[D(\xi)+D(\xi)\right]=\frac{1}{2}D(\xi),$$

所以

$$D(\bar{\xi})<D\left(\frac{\xi_1+\xi_2}{2}\right)(当\ n>2\ 时).$$

于是 $\bar{\xi}$ 比 $\frac{\xi_1+\xi_2}{2}$ 有效. 故 $\bar{\xi}=\frac{1}{n}\sum_{i=1}^{n}\xi_i\ (n>2)$ 比 $\frac{\xi_1+\xi_2}{2}$ 好些.

2. 点估计

由于样本均值 $\bar{\xi}=\frac{1}{n}\sum_{i=1}^{n}\xi_i$ 与样本方差 $s^2=\frac{1}{n-1}\sum_{i=1}^{n}(\xi_i-\bar{\xi})^2$ 分别为总体 ξ 的均值 μ 与方差 σ^2 的无偏估计量,因此,人们常用样本均值的观测值去作总体均值的估计值,而用样本方差的观测值去作总体方差的估计值,这就是对总体均值和总体方差的**点估计**.

例 2　某厂生产螺母,从某日的产品中随机抽取 8 件,量得内径的数值如下(单位:mm):
$$15.3,14.9,15.2,15.1,14.8,14.6,15.1,14.7,$$
试估计该日生产的这些螺母内径的均值和标准差.

解　利用计算器得 $\bar{x}=14.962\ 5,s=0.250\ 4.$
即螺母内径的均值估计为 $14.962\ 5$,标准差估计为 $0.250\ 4.$

二、区间估计

在用点估计来估计总体参数 θ 时,由于样本的随机性,从一个样本算得的估计值 $\hat{\theta}$ 往往都不会恰好等于待估参数的真值 θ,也就是说估计值 $\hat{\theta}$ 与真值 θ 之间往往都存在一定的偏差.因此还需要研究这些估计值的精确程度和可靠程度.这类问题,就是参数的区间估计问题.

1. 置信区间

设 θ 为总体 ξ 的一个未知参数,如果对任意预先给 $\alpha(0<\alpha<1)$,能找到两个值 θ_1 和 θ_2,使
$$P(\theta_1<\theta<\theta_2)=1-\alpha \tag{8-8}$$
成立,那么区间 (θ_1,θ_2) 叫做 θ 的 $1-\alpha$ **置信区间**,θ_1 和 θ_2 分别叫做置信下限和置信上限,$1-\alpha$ 叫做**置信水平(或置信度)**.参见图 8-8.

(8-8)式的意义为置信区间 (θ_1,θ_2) 包含真值的可能性为 $1-\alpha$,也就是说,如果反复抽取容量为 n 的样本 m 个,对每一样本可求得一个具体的区间,在这些区间中平均有 $m(1-\alpha)$ 个区间包含 θ 的真值.

2. 正态总体的数学期望 μ 的区间估计

(1)已知方差 σ^2,对 μ 的区间估计.

设正态总体 $\xi \sim N(\mu, \sigma^2)$，且 σ^2 已知，μ 未知，$(\xi_1, \xi_2, \cdots, \xi_n)$ 是总体 ξ 的一个样本，其观测值为 $(x_1, x_2, \cdots, x_n)$，则 μ 的置信水平为 $1-\alpha$ 的置信区间是

$$\left(\bar{x} - u_{\frac{\alpha}{2}} \frac{\sigma}{\sqrt{n}}, \bar{x} + u_{\frac{\alpha}{2}} \frac{\sigma}{\sqrt{n}} \right), \tag{8-9}$$

其中 $u_{\frac{\alpha}{2}}$ 可查附表 1 得到.

图 8—8

例 3　已知某灯泡厂生产的一批灯泡的使用寿命 $\xi \sim N(\mu, 7\,578.9)$，测得其中 10 只灯泡的使用寿命如下：

1 050，1 100，1 080，1 120，1 200，1 250，1 040，1 130，1 300，1 200，

试求 μ 的置信水平为 95% 的置信区间.

解　因为 $\bar{\chi} = \dfrac{1}{n} \sum\limits_{i=1}^{n} \chi_i = \dfrac{1}{10}(1\,050 + 1\,100 + \cdots + 1\,300 + 1\,200) = 1\,147$，

又查附表 1 知

$$u_{\frac{\alpha}{2}} = 1.96, \text{且} \sigma = \sqrt{7\,578.9} = 87.1, n = 10,$$

所以　　　　　$\bar{\chi} - u_{\frac{\alpha}{2}} \dfrac{\sigma}{\sqrt{n}} = 1\,147 - 1.96 \times \dfrac{87.1}{\sqrt{10}} = 1\,093.01$，

$$\bar{\chi} + u_{\frac{\alpha}{2}} \frac{\sigma}{\sqrt{n}} = 1\,147 + 1.96 \times \frac{87.1}{\sqrt{10}} = 1\,200.98.$$

故所求区间为 $(1\,093.01, 1\,200.98)$，即有 95% 的把握认为这批灯泡的使用寿命在 1 093.01 小时至 1 200.98 小时之间.

由以上分析，可得区间估计的基本方法：

① 找到（或构造）一个统计量 $\hat{\theta}, \hat{\theta}$ 包含被估计参数 θ（θ 看做已知），但不包含其他未知参数，且 $\hat{\theta}$ 的分布为已知.

② 对于给定的置信水平 $1-\alpha$，由

$$P(\lambda_1 < \hat{\theta} < \lambda_2) = 1 - \alpha,$$

且 $p(\hat{\theta} \leqslant \lambda_1) = p(\hat{\theta} \geqslant \lambda_2) = \dfrac{\alpha}{2}$，查 $\hat{\theta}$ 相应的分布表可得 λ_1, λ_2.

③ 由 $\lambda_1 < \hat{\theta} < \lambda_2$ 解出被估计参数 θ，得到不等式 $\theta_1 < \theta < \theta_2$，于是得到 θ 的置信水平为 $1-\alpha$ 的置信区间是 (θ_1, θ_2).

（2）未知方差 σ^2，对 μ 的区间估计.

在很多实际问题中,根本无法知道 σ 的值. 在此情况下,就不能直接应用公式对正态总体均值 μ 作区间估计,而应采取别的方法.

首先要选一个不含 σ^2 的统计量,将 $u=\dfrac{\sqrt{n}}{\sigma}(\bar{\xi}-\mu)$ 中的 σ 用样本标准差 s 代替,于是得到 $\dfrac{\sqrt{n}}{s}(\bar{\xi}-\mu)=\dfrac{\bar{\xi}-\mu}{\dfrac{s}{\sqrt{n}}}$ 服从 t 分布,所以用统计量

$$t=\frac{\bar{\xi}-\mu}{\dfrac{s}{\sqrt{n}}}\sim t(n-1)$$

来对 μ 进行区间估计.

对给定的置信水平 $1-\alpha$,由

$$p(|t|<\lambda)=1-\alpha,$$

查自由度为 $n-1$ 的 t 分布临界表,确定 $\lambda=t_{\frac{\alpha}{2}}(n-1)$,于是 μ 的置信水平为 $1-\alpha$ 的置信区间为

$$\left(\bar{x}-t_{\frac{\alpha}{2}}(n-1)\frac{s}{\sqrt{n}},\bar{x}+t_{\frac{\alpha}{2}}(n-1)\frac{s}{\sqrt{n}}\right).$$

例 4　用仪器检测温度,重复测量 5 次,得数据如下:

$$1\,250,1\,265,1\,245,1\,260,1\,275,$$

已知测量值 $\xi\sim N(\mu,\sigma^2)$,试求温度的真值的置信水平为 95% 的置信区间.

解　由已知数据得

$$\bar{x}=1\,259.$$

因为

$$s=\sqrt{\frac{1}{n-1}\sum_{i=1}^{n}(x_i-\bar{x})^2},$$

所以

$$s=\sqrt{\frac{1}{4}\sum_{i=1}^{5}(x_i-1\,259)^2}=11.938.$$

由 $1-\alpha=0.95$,即 $\alpha=0.05$,自由度 $n-1=5-1=4$,查 t 分布临界值表知

$$p(|t|<\lambda)=1-\alpha=0.95$$

中的

$$\lambda=t_{\frac{\alpha}{2}}(n-1)=2.776,$$

于是

$$\bar{x}-t_{\frac{\alpha}{2}}(n-1)\frac{s}{\sqrt{n}}=1\,259-2.776\times\frac{11.938}{\sqrt{5}}=1\,244.2,$$

$$\bar{x}+t_{\frac{\alpha}{2}}(n-1)\frac{s}{\sqrt{n}}=1\,259+2.776\times\frac{11.938}{\sqrt{5}}=1\,273.8.$$

故所求的置信区间为 $(1\,244.2,1\,273.8)$,即有 95% 的把握认为温度的真值在 1 244.2℃ 至 1 273.8℃ 之间.

3. 正态总体的方差 σ^2 的区间估计

设 $\xi\sim N(\mu,\sigma^2)$,且 μ 未知,现通过样本 $(\xi_1,\xi_2,\cdots,\xi_n)$ 的观测值 $(x_1,x_2,\cdots,x_n)$,求 σ^2 的置信水平为 $1-\alpha$ 的置信区间.

解决此问题的方法与前面求 μ 的置信区间的方法基本相同.

首先找一个合适的统计量来估计 σ^2,我们知道 χ^2 变量:

$$\chi^2 = \frac{(n-1)s^2}{\sigma^2} \sim \chi^2(n-1)$$

只包含待估的参数 σ^2，而 s^2 可根据样本值求出，故可用 χ^2 变量对 σ^2 作区间估计，于是 σ^2 的置信水平为 $1-\alpha$ 的置信区间是

$$\left[\frac{(n-1)s^2}{\chi^2_{\frac{\alpha}{2}}(n-1)}, \frac{(n-1)s^2}{\chi^2_{1-\frac{\alpha}{2}}(n-1)}\right].$$

例 5 求例 4 中所测温度的标准差 σ 的置信水平为 95% 的置信区间.

解 由例 4 中的样本数据，计算得

$$\bar{x} = 1\ 259, s^2 = \frac{570}{4}, (n-1)s^2 = 4 \times \frac{570}{4} = 570.$$

根据给定的 $1-\alpha = 0.95, n-1 = 5-1 = 4$，查 χ^2 分布临界值表得

$$\chi^2_{1-\frac{\alpha}{2}}(n-1) = 0.484, \quad \chi^2_{\frac{\alpha}{2}}(n-1) = 11.1,$$

所以

$$\frac{(n-1)s^2}{\chi^2_{\frac{\alpha}{2}}(n-1)} = \frac{570}{11.1} = 51.35, \sqrt{51.35} = 7.17,$$

$$\frac{(n-1)s^2}{\chi^2_{1-\frac{\alpha}{2}}(n-1)} = \frac{570}{0.484} = 1\ 177.7, \sqrt{1\ 177.7} = 34.32.$$

故所测温度的标准差 σ 的置信水平为 95% 的置信区间（单位：℃）为 $(7.17, 34.32)$.

习题 8—5

1. 设 $(\xi_1, \xi_2, \cdots, \xi_n)$ 为总体 ξ 的容量为 $n(n>3)$ 的一个样本，试判断下列统计量是否为 $E(\xi)$ 的无偏估计量.

(1) $\frac{1}{3}\xi_1 + \frac{1}{3}\xi_2$；　　(2) $\frac{1}{2}\xi_1 + \frac{1}{3}\xi_3 + \frac{1}{6}\xi_n$.

2. 若 $\xi_1, \frac{1}{2}(\xi_1 + \xi_2)$ 是 $E(\xi)$ 的二个无偏估计量，试比较他们的有效性.

3. 灯泡厂从某天生产的一批 60 瓦灯泡中抽取 10 只进行使用寿命试验，得到数据如下（单位：h）：

　　 1 050, 1 100, 1 080, 1 120, 1 200, 1 250, 1 040, 1 130, 1 300, 1 200,

试估计该批灯泡使用寿命的均值和标准差.

4. 某车间生产的一批滚珠，其直径 $\xi \sim N(\mu, 0.05^2)$，现从某天的产品中随机抽取 6 个，测得直径（单位：mm）如下：

　　 15.1, 14.8, 15.2, 14.9, 14.1, 15.9,

求直径数学期望 μ 的置信区间（$\alpha = 0.05$）.

5. 某轮胎厂生产一批卡车轮胎，根据长期生产这种型号轮胎的统计数据知道，轮胎的使用寿命（达到报废的界限）服从正态分布 $N(\mu, \sigma^2)$. 已知总体方差 $\sigma^2 = 4\ 827^2$，现从生产的轮胎中随机抽取 100 只进行试验，得到 100 个使用寿命的数据，计算出平均使用寿命 $\bar{x} = 36\ 203$（单位：km）. 求这批轮胎总体的平均使用寿命（即总体的数学期望）的置信区间（$\alpha = 0.05$）.

6. 测得自动车床加工的 10 个零件的尺寸与规定尺寸的偏差如下（单位：μm）：

序号 n	1	2	3	4	5	6	7	8	9	10
偏差 x_i	2	1	-2	3	2	4	-2	5	3	4

又已知零件尺寸的偏差服从 $N(\mu,\sigma^2)$,求偏差的数学期望 μ 的置信区间($\alpha=0.01$).

第六节　假设检验

一、假设检验的原理

1. 假设检验问题

先看两个引例.

例 1　按国家标准,某种产品的次品率不超过 1%,今从批量为 200 的一批这种产品中任取 5 件,发现 5 件中含有次品.问这批产品的次品率 p 是否符合国家标准.

在此例中,我们关心的问题为 $p\leqslant0.01$ 是否成立?

例 2　某牙膏厂用自动包装机装牙膏,正常情况下每个牙膏内的牙膏质量(俗称净重,单位:g)服从正态分布 $N(50,1.2^2)$,某日从生产中随机抽取 16 支牙膏,测得平均每支牙膏的净重 $\bar{x}=50.72(\mathrm{g})$,问这天包装机工作是否正常?

设这天包装机所包装的每袋牙膏的净重为 ξ,则 $\xi\sim N(\mu,\sigma^2)$,且 $\sigma=1.2$.

在此例中,我们关心的问题为

$$\mu=\mu_0=50(\mathrm{g})$$

是否成立? μ 为这天包装的每袋牙膏净重 ξ 的数学期望.

这两个问题都要求用样本推断总体.

2. 假设检验的基本原理

从例 1 入手说明假设检验的基本原理.

首先假设这批产品的次品率 p 符合国家标准,即提出假设(用 H_0 表示)

$$H_0:p\leqslant0.01,$$

然后判断如果 H_0 成立,将会发生什么情况.

在 $p\leqslant0.01$ 的条件下,200 件产品中最多有 2 件次品,记 $A=\{$从 200 件产品中任取 5 件,5 件中含有次品$\}$,下面按 200 件产品中恰有 2 件次品来处理问题,则

$$P(\overline{A})=\frac{C_{198}^5}{C_{200}^5}=0.950\ 5,$$

$$P(A)=1-P(\overline{A})=1-0.950\ 5=0.049\ 5<0.05.$$

一般地,把概率小于 0.05 的事件认为是小概率事件.人们将"小概率事件在一次试验中,几乎不会发生"这一基本原理叫**小概率原理**.有时也认为概率不超过 0.01 或 0.10 的事件为小概率事件,要根据具体情况而定.

因此,如果假设 $H_0:p\leqslant0.01$ 成立,则通过上面的计算可知 A 是小概率事件.但却在一次试验中发生了,这显然与小概率原理矛盾,其原因是原假设 $H_0:p\leqslant0.01$ 不合理,所以应当作出否定判断.即这批产品的次品率 p 超过 0.01,不符合国家标准.

在假设检验中小概率叫做检验水平或显著水平,也可叫做信度,记作 α,通常 α 的取值采

用 $0.1, 0.05, 0.01, 0.001$ 等数值.

二、假设检验的基本方法

1. u 检验法

利用统计量 $u = \dfrac{\sqrt{n}}{\sigma}(\bar{\xi} - \mu_0)$ 的分布 $N(0, 1)$，来检验已知方差 σ^2 的正态总体 $\xi \sim N(\mu, \sigma^2)$ 的数学期望 $\mu = \mu_0$（μ_0 是已知数）的方法叫做 u **检验法**.

首先，假设 $H_0 : \mu = \mu_0$ 成立，于是统计量

$$u = \frac{\sqrt{n}}{\sigma}(\bar{\xi} - \mu_0)$$

对于给定的检验水平 α，由 $P(|u| \geqslant u_{\frac{\alpha}{2}}) = \alpha$ 和附表 1-1 可得 $u_{\frac{\alpha}{2}}$.

显然，$|u| \geqslant u_{\frac{\alpha}{2}}$ 是一个小概率事件.

设样本 $(\xi_1, \xi_2, \cdots, \xi_n)$ 的一组观测值为 $(x_1, x_2, \cdots, x_n)$，由此观测值和 σ, n 的值，计算出统计量 u 的值 u_0. 如果 $|u_0| \geqslant u_{\frac{\alpha}{2}}$，这说明小概率事件在一次具体实验中出现了，因此应当拒绝假设 $H_0 : \mu = \mu_0$；若当 $|u_0| < u_{\frac{\alpha}{2}}$ 时，则应当接受假设 $H_0 : \mu = \mu_0$. 归纳以上分析，可得 u 检验的具体步骤如下：

(1) 提出检验假设 $H_0 : \mu = \mu_0$.

(2) 选取统计量 $u = \dfrac{\sqrt{n}}{\sigma}(\bar{\xi} - \mu_0) \sim N(0, 1)$.

(3) 给定检验水平 α，由 $P(|u| \geqslant u_{\frac{\alpha}{2}}) = \alpha$ 定值 $u_{\frac{\alpha}{2}}$.

(4) 由所给条件计算出统计量 u 的观测值 u_0，并进行判断：

当 $|u_0| \geqslant u_{\frac{\alpha}{2}}$ 时，拒绝假设 H_0；当 $|u_0| < u_{\frac{\alpha}{2}}$ 时，接收假设 H_0.

例 3 利用 u 检验法判断例 2 中这天包装机工作是否正常（$\alpha = 0.05$）.

解 (1) 由例 2 知，总体 $\xi \sim N(\mu, \sigma^2)$，其中 $\sigma = 1.2\,\text{g}$，判断包装机工作是否正常即在检验水平 $\alpha = 0.05$ 的情况下，检验假设 $H_0 : \mu = \mu_0 = 50\text{g}$ 是否成立.

(2) 选取统计量 $u = \dfrac{\sqrt{n}}{\sigma}(\bar{\xi} - \mu_0) \sim N(0, 1)$.

(3) 因为检验水平 $\alpha = 0.05$，

所以由 $P(|u| \geqslant u_{\frac{\alpha}{2}}) = 0.05$，得 $u_{\frac{\alpha}{2}} = 1.96$.

(4) 因为 $\bar{x} = 50.72, n = 16, \sigma = 1.2$，所以 $|u_0| = \left| \dfrac{\sqrt{16}}{1.2}(50.72 - 50) \right| = 2.4 > 1.96$，

故应拒绝假设 H_0，也就是我们的判断为 $\mu \neq \mu_0 = 50\,\text{g}$，或者说有 95% 的把握认为包装机工作不正常.

2. t 检验法

在很多实际问题中，正态总体的方差 σ^2 往往是不知道的，这样 u 检验法就失效了.

利用统计量 $t = \dfrac{\sqrt{n}}{s}(\bar{\xi} - \mu_0)$ 的分布 $t(n-1)$ 来检验数学期望 $\mu = \mu_0$ 的方法叫做 t **检验法**.

其具体步骤如下：

(1) 提出检验假设 $H_0 : \mu = \mu_0$.

(2) 选取统计量 $t = \dfrac{\sqrt{n}}{s}(\bar{\xi} - \mu_0) \sim t(n-1)$.

(3)给定检验水平 α，由 $P(|t| \geqslant t_{\frac{\alpha}{2}}(n-1)) = \alpha$ 定值 $t_{\frac{\alpha}{2}}(n-1)$.

(4)由所给条件计算出统计量 t 的观测值 t_0，并进行判断：

当 $|t_0| \geqslant t_{\frac{\alpha}{2}}(n-1)$ 时，拒绝假设 H_0；当 $|t_0| < t_{\frac{\alpha}{2}}(n-1)$ 时，接收假设 H_0.

例 4 某电器厂生产一种云母片，根据长期正常生产积累的资料知道，云母片的厚度服从正态分布，厚度的均值为 0.13 mm. 如果在某日的产品中随机抽取 10 片，算得样本均值为 0.146 mm，均方差为 0.015 mm. 问该日生产的云母片厚度的均值与往日是否有显著差异（$\alpha = 0.05$）.

解 (1)假设 $H_0: \mu = \mu_0 = 0.13$.

(2)选取统计量 $t = \dfrac{\sqrt{n}}{s}(\bar{\xi} - \mu_0) \sim t(n-1)$.

(3)因为检验水平 $\alpha = 0.05$，$n = 10$，所以 $n-1 = 9$，由 $P(|t| \geqslant t_{\frac{\alpha}{2}}(n-1)) = 0.05$，得 $t_{\frac{\alpha}{2}}(n-1) = 2.262$.

(4)因为 $\bar{x} = 0.146$，$s = 0.015$，$n = 10$，所以

$$|t_0| = \left| \frac{\sqrt{10}}{0.015}(0.146 - 0.13) \right| = 3.373 > 2.262.$$

故应拒绝 H_0，即有 95% 的把握认为该日生产的云母片厚度的均值与往日有显著差异.

3. χ^2 检验法

检验正态总体的方差 σ^2，通常是在总体期望 μ 未知的情况下进行的.

利用统计量 $\chi^2 = \dfrac{(n-1)s^2}{\sigma_0^2}$ 的分布 $x^2(n-1)$，来检验正态总体 $\xi \sim N(\mu, \sigma^2)$ 的方差 $\sigma^2 = \sigma_0^2$（σ_0^2 是已知数）的方法叫 χ^2 **检验法**.

其具体步骤如下：

(1)提出检验假设 $H_0: \sigma^2 = \sigma_0^2$.

(2)选取统计量 $\chi^2 = \dfrac{(n-1)s^2}{\sigma_0^2} \sim \chi^2(n-1)$.

(3)给定检验水平 α，由 $P(\chi^2 \leqslant \chi_{1-\frac{\alpha}{2}}^2(n-1)) = P(\chi^2 \geqslant \chi_{\frac{\alpha}{2}}^2(n-1)) = \dfrac{\alpha}{2}$ 定值 $\chi_{1-\frac{\alpha}{2}}^2(n-1)$ 和 $\chi_{\frac{\alpha}{2}}^2(n-1)$.

(4)由所给条件计算出统计量 χ^2 的值 χ_0^2 并进行判断：

当 $\chi_0^2 \leqslant \chi_{1-\frac{\alpha}{2}}^2(n-1)$ 或 $\chi_0^2 \geqslant \chi_{\frac{\alpha}{2}}^2(n-1)$ 时，就拒绝假设 H_0；当 $\chi_{1-\frac{\alpha}{2}}^2(n-1) < \chi_0^2 < \chi_{\frac{\alpha}{2}}^2(n-1)$ 时，就接受假设 H_0.

例 5 某工厂生产的仪表，已知其寿命服从正态分布，寿命方差经测定为 $\sigma_0^2 = 150$. 现在由于新工人增多，对生产的一批产品进行检验，抽取 10 个样品测得其寿命（单位：h）为：

$$1\,801, 1\,785, 1\,812, 1\,792, 1\,782,$$
$$1\,795, 1\,825, 1\,787, 1\,807, 1\,792,$$

问这批仪表的寿命方差差异是否显著（$\alpha = 0.05$）？

解 (1)假设 $H_0: \sigma^2 = \sigma_0^2 = 150$.

(2)$\chi^2 = \dfrac{(n-1)s^2}{\sigma_0^2} \sim \chi^2(n-1)$.

(3)给定检验水平 $\alpha = 0.05$，由

$$P(\chi^2 \leqslant \chi^2_{1-\frac{\alpha}{2}}(n-1)) = P(\chi^2 \geqslant \chi^2_{\frac{\alpha}{2}}(n-1)) = \frac{0.05}{2} = 0.025,$$

得
$$\chi^2_{1-\frac{\alpha}{2}}(n-1) = 2.7, \chi^2_{\frac{\alpha}{2}}(n-1) = 19.0$$

（4）因为 $\bar{x} = 1\,797.8, s^2 = 182.4$，所以

$$\chi^2_0 = \frac{(10-1) \times 182.4}{150} = 10.94,$$

并且 $\chi^2_{1-\frac{\alpha}{2}}(n-1) = 2.7 < \chi^2_0 = 10.94 < \chi^2_{\frac{\alpha}{2}}(n-1) = 19.0.$

故接受假设，即以 95% 的把握认为虽然新工人增多，但该批仪表的寿命方差无显著差异.

习题 8—6

1. 自一工厂的产品中进行重复抽样检查，共取 200 件样品，检查结果发现其中有 4 件废品，问我们能否相信此工厂出废品的概率不超过 0.005.

2. 某车间生产铆钉，在正常情况下每个铆钉的直径 $\xi \sim N(2, 0.1^2)$（直径单位：cm）. 现从某日生产的铆钉中随机抽取 100 个，测得其平均直径为 $\bar{x} = 2.022$. 由于 $\bar{x}$ 与 μ_0 之间有差异，试问这天铆钉生产是否正常？（$\alpha = 0.05$）.

3. 若 $\alpha = 0.01$，那么上题中该天铆钉生产是否正常？

※ 第七节　应用与实践八

一、应用

例1 已知一批零件的尺寸与标准尺寸的误差 ξ（单位：mm）服从正态分布 $N(0, 2^2)$，如果误差不超过 2.5 mm，就算合格品，求：

（1）这批零件的合格品率；

（2）若要求零件的合格品率为 95%，应规定误差不超过多少毫米.

解　（1）$P(|\xi| < 2.5) = P(-2.5 < \xi < 2.5)$

$$= P\left(\frac{-2.5-0}{2} < \frac{\xi-0}{2} < \frac{2.5-0}{2}\right)$$

$$= \Phi\left(\frac{2.5-0}{2}\right) - \Phi\left(\frac{-2.5-0}{2}\right)$$

$$= 2\Phi(1.25) - 1$$

$$= 2 \times 0.894\,4 - 1 = 0.788\,8,$$

即零件的合格品率为 78.88%.

（2）设所求为 $a(a > 0)$，于是

$$P(|\xi| < a) = 0.95, P(-a < \xi < a) = 0.95,$$

所以
$$P\left(\frac{-a-0}{2} < \frac{\xi-0}{2} < \frac{a-0}{2}\right) = 0.95,$$

$$\Phi\left(\frac{a}{2}\right) - \Phi\left(-\frac{a}{2}\right) = 0.95,$$

$$2\Phi\left(\frac{a}{2}\right) - 1 = 0.95,$$

$$\Phi\left(\frac{a}{2}\right) = 0.975.$$

查附表 1 得

$$\frac{a}{2} = 1.96,$$

故

$$a = 3.92 \approx 4(\text{mm}).$$

即如果规定误差不超过 4 mm 的零件为合格品,那么这批零件的合格品率为 0.95 以上.

对于正态分布 $\xi \sim N(\mu, \sigma^2)$,通过查表可计算出:

$$P(|\xi - \mu| < \sigma) = 2\Phi(1) - 1 = 0.6826,$$
$$P(|\xi - \mu| < 2\sigma) = 2\Phi(2) - 1 = 0.9544,$$
$$P(|\xi - \mu| < 3\sigma) = 2\Phi(3) - 1 = 0.9974.$$

以上计算结果表明,ξ 以 99.74% 的概率落入 $(\mu - 3\sigma, \mu + 3\sigma)$ 内,也就是说,ξ 的可取值几乎全部在 $(\mu - 3\sigma, \mu + 3\sigma)$ 内,这就是统计和管理中常用的 3σ 原则.

例 2 设在规定的时间段内,某电气设备用于最大负荷的时间 ξ(单位:min)是一个随机变量,其分布密度为

$$f(x) = \begin{cases} \dfrac{1}{1\,500^2}x, & 0 \leqslant x \leqslant 1\,500, \\[2mm] -\dfrac{1}{1\,500^2}(x - 3\,000), & 1\,500 < x \leqslant 3\,000, \\[2mm] 0, & \text{其他}. \end{cases}$$

试求最大负荷的平均时间.

解 最大负荷的平均时间,即为 ξ 的数学期望,故

$$\begin{aligned} E(\xi) &= \int_{-\infty}^{+\infty} x f(x)\mathrm{d}x \\ &= \int_0^{1\,500} x\,\frac{x}{1\,500^2}\mathrm{d}x + \int_{1\,500}^{3\,000} x\,\frac{-1}{1\,500^2}(x - 3\,000)\mathrm{d}x \\ &= 1\,500(\text{min}). \end{aligned}$$

所以最大负荷的平均时间为 1 500 min.

例 3 某批矿砂的 5 个样品中镍含量(质量分数)经测定为(单位:%):

$$3.25, 3.27, 3.24, 3.26, 3.24,$$

设测定值服从正态分布,问在 $\alpha = 0.01$ 下能否认为这批矿砂的镍含量为 3.25%?

解 设测定值为 $\xi \sim N(\mu, \sigma^2)$,且 σ^2 未知.

(1)假设 $H_0: \mu = \mu_0 = 3.25$.

(2)选取统计量 $t = \dfrac{\sqrt{n}}{s}(\bar{\xi} - \mu_0) \sim t(n-1)$

(3)因为检验水平 $\alpha = 0.01$,$n = 5$,$n - 1 = 4$ $P(|t| \geqslant t_{\frac{\alpha}{2}}(n-1)) = 0.01$ 得 $t_{\frac{\alpha}{2}}(n-1) = 4.604$.

(4)因为 $\bar{x} = \dfrac{1}{5}(3.25 + 3.27 + 3.24 + 3.26 + 3.24) = 3.252$.

$$s = \sqrt{\frac{1}{5-1}\sum_{i=1}^{5}(x_i - \bar{x})^2} = 0.013.$$

所以

$$|t_0| = \left|\frac{\sqrt{5}}{0.013}(3.252 - 3.25)\right| = 0.344 < 4.604.$$

故接受 H_0，即有 99% 的把握认为这批矿砂镍含量（质量分数）为 3.25%.

例 4 目前，社会上流行的"乐透型"彩票问题.

"乐透型"有多种不同的形式.例如，"33 选 7"方案：先从 01～33 个号码球中一个一个地摇出 7 个基本号，再从剩余的 26 个号码球中摇出一个特别号码.投注者从 01～33 个号码中任选 7 个组成一注（不可重复），根据单注号码与中奖号码相符的个数多少确定相应的中奖等级，不考虑号码顺序.又如，"36 选 6＋1"的方案：先从 01～36 个号码球中一个一个地摇出 6 个基本号，再从剩下的 30 个号码球中摇出一个特别号码.投注者从 01～36 个号码中任选 7 个组成一注（不可重复），根据单注号码与中奖号码相符的个数多少确定相应的中奖等级，不考虑号码顺序.这两种方案的中奖等级.

中奖等级	33 选 7(7/33)			36 选 6＋1(6＋1/36)		
	基本号码　特别号码		说明	基本号码　特别号码		说明
一等奖	●●●●●●●		选 7 中(7)	●●●●●● ★		选 7 中(6＋1)
二等奖	●●●●●●○ ★		选 7 中(6＋1)	●●●●●●○		选 7 中(6)
三等奖	●●●●●●○		选 7 中(6)	●●●●●○ ★		选 7 中(5＋1)
四等奖	●●●●●○○ ★		选 7 中(5＋1)	●●●●●○○		选 7 中(5)
五等奖	●●●●●○○		选 7 中(5)	●●●●○○ ★		选 7 中(4＋1)
六等奖	●●●●○○○ ★		选 7 中(4＋1)	●●●●○○○		选 7 中(4)
七等奖	●●●●○○○		选 7 中(4)	●●●○○○ ★		选 7 中(3＋1)

注：●为选中的基本号码，★为选中的特别号码，○为未选中的号码.

以上两种类型的总奖金比例为销售总额的 50%，投注者的单注金额为 2 元，单注若已得到高级别的奖就不再兼得低级别的奖.试确定这两种方案的中奖概率.

解 在乐透型的彩票中，选中 r 个基本号码当中的 k 个的可能性 P_k，可以通过超几何分布得出，即

$$P_k = \frac{\binom{n}{k}\binom{s-k}{r-k}}{\binom{s}{k}}$$

则选中 r 个基本号码加特别号码的可能性 $P_{k,+}$ 为

$$P_{k,+} = P_k \frac{r-k}{s-k}$$

二、实践

使用 MATLAB 进行概率统计计算.

1. 使用 MATLAB 计算正态分布

当随机变量 $X \sim N(\mu,\sigma^2)$ 时，在 MATLAB 中用命令函数 P＝normpdf(K,mu,sigma) 计算服从参数为 μ,σ 的正态分布的随机变量的概率密度.

用命令函数 P＝normpdf(K,mu,sigma) 计算服从参数为 μ,σ 的正态分布的随机变量的分布函数在 K 处的值.

例 1 某厂生产一种设备,其平均寿命为 10 年,标准差为 2 年,如该设备的寿命服从正态分布,求寿命不低于 9 年的设备占整批设备的比例.

解 设随机变量 ξ 为设备寿命,由题意 $\xi \sim N(\mu, \sigma^2)$, $P(\xi \geqslant 9) = 1 - P(\xi < 9)$.

在 MATLAB 命令窗口中输入:

```
>> clear
>> p1 = normcdf (9,10,2)
P1 =
    0.3085
>> 1 - p1
Ans =
    0.6915
```

2. 利用 MATLAB 进行区间估计

如果已知了一组数据来自正态分布总体,但是不知道正态分布总体的参数,我们可以利用 normfitO 命令来完成对总体参数的点估计和区间估计,格式为

$$[\text{mu, sig, muci, sigci}] = \text{normfit}(x, \text{alpha}).$$

x 为向量或者矩阵,当为矩阵时,针对矩阵的每一个列向量进行运算的. alpha 为给出的显著水平 α(即置信度为 $(1-\alpha)\%$,缺省时默认 $\alpha = 0.05$,置信度 95%). mu,sigf 分别为分布参数 μ, σ 的点估计值.

例 2 一批零件中,抽取 9 个零件,测得其直径(mm)为 21.1,21.3,21.4,21.5,21.3, 21.7,21.4,21.3,21.6,设零件直径服从正态分布 $N(\mu, \sigma^2)$,分别求总体均值 μ 及方差 σ^2 的置信度为 0.95 的置信区间.

解 在 MATLAB 命令窗口输入:

```
>> clear
>> x = [21.1, 21.3, 21.4, 21.5, 21.3, 21.7, 21.4, 21.3, 21.6];
>> alpha = 0.05;
>> [mu, sig, muci, sigci] = normfit(x, alpha)
mu =
    21.4000
sig =
    0.1803
muci =
    21.2614
    21.5386
sigci =
    0.1218
    0.3454
```

所以得,总体均值 μ 的置信度为 0.95 的置信区间为 (21.261 4, 21.538 6),总体方差 σ^2 的置信度为 0.95 的置信区间为 $(0.121\ 8^2, 0.345\ 4^2) = (0.014\ 8, 0.119\ 3)$.

应用与实践八　习题

1. 已知从某批材料中任取一件时,取得的这件材料的强度 $\xi \sim N(200, 18^2)$.

（1）计算取得的这件材料的强度不低于180的概率；

（2）如果所用的材料要求以99％的概率保证强度不低于150这批材料是否符合这个要求.

2. 有两批钢筋，每批各10根，它们的抗拉强度（kg/cm²）为

第一批：110，120，120，125，125，125，130，130，135，140，

第二批：90，100，120，125，130，130，135，140，145，145.

（1）试求这两批钢筋的平均抗拉强度.

（2）通过计算它们的方差，比较两批钢筋的质量.

3. 某厂生产的零件 $\xi \sim N(12.5, \sigma^2)$，从某天生产的零件中随机抽取4个，得样本观测值

12.6，13.4，12.8，13.2，

求 σ^2 的置信概率为0.95的置信区间.

4. 用热敏电阻测温仪间接测量地热勘探井底温度.设测量值 $\xi \sim N(\mu, \sigma^2)$，今重复测量7次，测得温度如下：

112.0，113.4，111.2，112.0，114.5，112.9，113.6，

而用某种精确方法测量温度的真值 $\mu_0 = 112.6$，现问用热敏电阻测温仪间接测量温度有无系统偏差？设显著性水平 $\alpha = 0.05$.

小 结

一、主要内容

离散型随机变量及其概率分布和性质，连续型随机变量及其密度函数和性质；两点分布、二项分布、泊松分布、均匀分布、指数分布、正态分布、离散型和连续型随机变量的数学期望，方差的计算方法和性质；总体、个体、样本、样本值；统计量、样本均值和样本方差；u 变量及其分布、χ^2 变量及其分布，t 变量及其分布；参数的点估计和区间估计；参数的假设检验.

1. 离散型随机变量及其概率分布

理解离散型随机变量及其概率分布和性质，掌握两点分布、二项分布和泊松分布.

2. 连续型随机变量的分布密度

理解连续型随机变量及其密度函数和性质；掌握均匀分布、指数分布和正态分布.

3. 随机变量的数字特征

掌握离散型和连续型随机变量的数学期望、方差的计算方法和性质.

4. 参数估计和假设检验

理解总体、个体、样本、样本值、统计量、样本均值和样本方差等概念；掌握 u 变量及其分布、χ^2 变量及其分布、t 变量及其分布的定义；掌握参数的点估计和区间估计及参数的假设检验的方法.

二、应注意的问题

1. 引入随机变量的概念，使得我们能够把随机事件数量化，把对事物的研究转化成对数量的研究.有一些随机事件虽然表面上与数量无关，但为了研究的方便，我们可人为地取一些

数来表示试验的结果.

2. 对应离散型随机变量 ξ,我们通过 ξ 的概率分布,清楚而且完整地表示了它的所有可能取值与其相应概率的分布情况.求 ξ 的概率分布,应先求出 ξ 的所有可能取值,然后利用以前学过的概率知识求出相应的概率(有时可利用概率分布的性质减少计算量).

3. 对于连续型随机变量 ξ,我们通过其密度函数 $f(x)$ 研究 ξ 在各个取值范围内的概率的分布情况,即 ξ 在任意区间 $[a,b]$ 内取值的概率等于在这个区间上,曲线 $f(x)$ 下面的曲边梯形的面积:

$$P(a \leqslant \xi \leqslant b) = \int_a^b f(x)\mathrm{d}x.$$

需要注意的是,虽然 $f(x)$ 不是 ξ 取值 x 的概率,但是 $f(x)$ 的大小能反映出 ξ 在 x 附近取值的概率的大小,$f(x)$ 的数值大,则 ξ 在 x 附近取值的概率也大.

4. 数理统计的基本任务是应用概率论的知识从局部推断总体,从而揭示随机现象的统计规律性,也就是在研究的总体中采用合理的方法采集样本,对所获得的样本进行"加工"和"提炼",构造合适的统计量,讨论它们的概率分布,再通过参数估计和假设检验等统计推断的方法对总体作出推断.

在数理统计中,采集样本时要注意随机抽样,不能有主观倾向.构造统计量时要注意统计量不能包含总体的未知参数,并且必须是由样本构成的函数.

参数估计中介绍了点估计和区间估计两种,其中点估计是用来估计总体中未知参数的值的方法;而区间估计是用随机区间来表示包含未知参数的范围和可靠程度的方法.

参数的假设检验是用来推断总体的数学期望或方差是否具有指定的特征,进行假设检验的基本依据是小概率原理,u 检验法和 t 检验法可用来检验数学期望,χ^2 检验法用来检验方差.

▶▶ 复习题八 ◀◀

1. 填空题.

(1)如果离散型随机变量 ξ 的可能取值为 $x_1, x_2, \cdots, x_k, \cdots$,则取这些值相应的概率 _____ _____ $(k=1,2,\cdots)$ 称为 ξ 的概率分布.概率分布满足_____;_____.

(2)如果 ξ 服从标准正态分布,那么记作_____.标准正态分布的密度函数为_____ $(-\infty < x < +\infty)$.

(3)某射手击中目标的概率是 0.8,连续射击 30 次,则击中目标次数的概率分布为_____.

(4)对于连续型随机变量 ξ,设其密度函数为 $f(x)$,如果 $\int_{-\infty}^{+\infty} xf(x)\mathrm{d}x$ 绝对收敛,则_____ 叫做连续型随机变量 ξ 的数学期望,记作_____.

(5)随机变量 X 的密度函数 $f(x) = \begin{cases} Ae^{-5x}, & x>0, \\ 0, & x \leqslant 0, \end{cases}$ 则系数 $A =$ _____;$P(x>0.2) =$ _____;$E(x) =$ _____;$D(X) =$ _____.

(6)在测定列车速度的 6 次试验数据中,得到下列最大速度值(单位:m/min):$27, 38, 30, 37, 35, 31$,则列车最大速度数学期望的无偏估计为_____,其方差的无偏估计为_____.

(7)正态总体参数的假设检验,常用的检验方法有:_____检验法,_____检验法和_____检验法.

2. 选择题：

(1)一射手独立射击 5 次，每次中靶的概率是 0.2，那么恰好中靶 2 次的概率是（　　）.

A. $\dfrac{2}{5}$ 　　　　　　　　　　B. $C_5^2 \times 0.2^2 \times 0.8^3$

C. $C_5^2 \times 0.8^2 \times 0.2^3$ 　　　　　D. $0.2^3 \times 0.8^2$

(2)一枚硬币连续抛掷 3 次，恰好有两次正面向上的概率是（　　）.

A. $\dfrac{1}{2}$ 　　　　B. $\dfrac{2}{3}$ 　　　　C. $\dfrac{3}{8}$ 　　　　D. $\dfrac{3}{4}$

(3)设离散型随机变量 ξ 的概率分布为 $P(\xi=k)=\dfrac{k+1}{10}(k=0,1,2,3)$，则 $E(\xi)=$（　　）.

A. 1.8 　　　　B. 2 　　　　C. 2.2 　　　　D. 2.4

(4)在某居民区随机抽查 9 个煤气用户二月份的实际用量（单位：m^3）：42.5,38.6,36.0, 45.2,32.4,35.1,40.5,34.4,37.3，则 9 户居民煤气用量的平均数，方差分别为（　　）.

A. 38,15.102 2 　　　　　　　　B. 42.75,15.102 2

C. 38,16.99 　　　　　　　　　D. 42.75,16.99

3. 判断题（对的打"√"，错的打"×"）.

(1)$X \sim N(1,2)$，$Y \sim N(2,1)$，则 $D(X-Y)=D(X)-D(Y)=1$.（　　）

(2)$X \sim N(0,1)$，则 $X \sim E(X)=0$，$D(X)=1$.（　　）

(3)甲乙两个射击手，在同样条件下进行射击，他们击中目标的概率分别为 0.3 和 0.4，则击中目标的概率为 0.3+0.4=0.7.（　　）

4. 应用题

(1)设某机器生产的螺栓的长度 ξ 服从正态分布 $N(10.05,0.06^2)$，规定 ξ 在范围 10.05 ± 0.12（单位：cm）内为合格品，求螺栓不合格的概率.

(2)箱内装有 5 个零件，其中 2 个是次品.假设每次从箱中任意抽出一个检验，直到查出全部次品为止，则所需检验次数的数学期望为多少？

(3)由正态总体 $N(\mu,\sigma^2)$ 中抽取容量为 5 的样本值：

$$1.86, 2.64, 1.46, 4.01, 3.22,$$

那么方差 σ^2 的置信度为 0.95 的置信区间为多少？

阅读材料

概率论与数理统计发展及应用

17 世纪，正当研究必然性事件的数理关系获得较大发展的时候，一个研究偶然事件数量关系的数学分支开始出现，这就是概率论.

早在 16 世纪，赌博中的偶然现象就开始引起人们的注意.数学家卡丹诺（Cardano）首先觉察到，赌博输赢虽然是偶然的，但较大的赌博次数会呈现一定的规律性.卡丹诺为此还写了一本《论赌博》的小册子，书中计算了掷两颗骰子或三颗骰子时，在一切可能的方法中有多少方法得到某一点数.据说，曾与卡丹诺在三次方程发明权上发生争论的塔尔塔里亚，也曾做过类似的实验.

促使概率论产生的强大动力来自社会实践.首先是保险事业.文艺复兴后，随着航海事业的发展,意大利开始出现海上保险业务.16世纪末,在欧洲不少国家已把保险业务扩大到其他工商业上,保险的对象都是偶然性事件.为了保证保险公司赢利,又使参加保险的人愿意参加保险,就需要根据对大量偶然现象规律性的分析,去创立保险的一般理论.于是,一种专门适用于分析偶然现象的数学工具也就十分必要了.

不过,作为数学科学之一的概率论,其基础并不是在上述实际问题的材料上形成的.因为这些问题的大量随机现象,常被许多错综复杂的因素所干扰,它使之难以呈"自然的随机状态".因此必须从简单的材料来研究随机现象的规律性,这种材料就是所谓的"随机博弈".在近代概率论创立之前,人们正是通过对这种随机博弈现象的分析,注意到了它的一些特性,比如"多次实验中的频率稳定性"等,然后经加工提炼而形成了概率论.

荷兰数学家、物理学家惠更斯(Huygens)于1657年发表了关于概率论的早期著作《论赌博中的计算》.在此期间,法国的费尔马(Fermat)与帕斯卡(Pascal)也在相互通信中探讨了随机博弈现象中所出现的概率论的基本定理和法则.惠更斯等人的工作建立了概率和数学期望等主要概念,找出了它们的基本性质和演算方法,从而塑造了概率论的雏形.

18世纪是概率论的正式形成和发展时期.1713年,贝努利(Bernoulli)的名著《推想的艺术》发表.在这部著作中,贝努利明确指出了概率论最重要的定律之一——"大数定律",并且给出了证明,这使以往建立在经验之上的频率稳定性推测理论化了,从此概率论从对特殊问题的求解,发展到了一般的理论概括.

继贝努利之后,法国数学家棣谟佛(Abraham de Moiver)于1781年发表了《机遇原理》.书中提出了概率乘法法则,以及"正态分"和"正态分布律"的概念,为概率论的"中心极限定理"的建立奠定了基础.

概率论问世不久,就在应用方面发挥了重要的作用.牛痘在欧洲大规模接种之后,曾因副作用引起争议.这时贝努利的侄子丹尼尔·贝努利(Daniel Bernoulli)根据大量的统计资料,作出了种牛痘能延长人类平均寿命三年的结论,消除了一些人的恐惧和怀疑;欧拉(Euler)将概率论应用于人口统计和保险,写出了《关于死亡率和人口增长率问题的研究》,《关于孤儿保险》等文章;泊松(Poisson)又将概率应用于射击的各种问题的研究,提出了《打靶概率研究报告》.总之,概率论在18世纪确立后,就充分地显示了其广泛的实践意义.

相对于其他许多数学分支而言,数理统计是一个比较年轻的数学分支.多数人认为它的形成是在20世纪40年代克拉美(H. Carmer)的著作《统计学的数学方法》问世之时,它使得1945年以前的25年间英、美统计学家在统计学方面的工作与法、俄数学家在概率论方面的工作结合起来,从而形成了数理统计这门学科.它是以对随机现象观测所取得的资料为出发点,以概率论为基础来研究随机现象的一门学科.它有很多分支,但其基本内容为采集样本和统计推断两大部分.发展到今天的现代数理统计学,又经历了各种历史变迁.

统计的早期开端大约是在公元前1世纪初的人口普查计算中,这是统计性质的工作,但还不能算作是现代意义下的统计学.到了18世纪,统计才开始向一门独立的学科发展,用于描述表征一个状态的条件的一些特征,这是由于受到概率论的影响.

高斯从描述天文观测的误差而引进正态分布,并使用最小二乘法作为估计方法,是近代数理统计学发展初期的重大事件.18世纪到19世纪初期的这些贡献,对社会发展有很大的影响.例如,用正态分布描述观测数据后来被广泛地用到生物学中,其应用是如此普遍,以至在19世纪相当长的时期内,包括高尔顿(Galton)在内的一些学者,认为这个分布可用于描述几乎是一切常见的数据. 直到现在, 有关正态分布的统计方法, 仍占据着常用统计方法中很重要的一部分. 最小二乘法方面的工作, 在 20 世纪初以来, 又经过了一些学者的发展, 如今成了数理统计学中的主要方法.

数理统计学发展史上极重要的一个时期是从 19 世纪到二次大战结束. 现在, 多数人倾向于把现代数理统计学的起点和达到成熟定为这个时期的始末. 这确是数理统计学蓬勃发展的一个时期, 许多重要的基本观点、方法, 统计学中主要的分支学科, 都是在这个时期建立和发展起来的. 以费歇尔 (R. A. Fisher) 和皮尔逊 (K. Pearson) 为首的英国统计学派, 在这个时期起了主导作用, 特别是费歇尔. 继高尔顿之后, 皮尔逊进一步发展了回归与相关的理论, 成功地创建了生物统计学, 并得到了"总体"的概念. 1891 年之后, 皮尔逊潜心研究区分物种时用的数据的分布理论, 提出了"概率"和"相关"的概念. 接着, 又提出标准差、正态曲线、平均变差、均方根误差等一系列数理统计基本术语. 皮尔逊致力于大样本理论的研究, 他发现不少生物方面的数据有显著的偏态, 不适合用正态分布去刻画, 为此他提出了后来以他的名字命名的分布族, 为估计这个分布族中的参数, 他提出了"矩法". 为考察实际数据与这族分布的拟合分布优劣问题, 他引进了著名"χ^2 检验法", 并在理论上研究了其性质. 这个检验法是假设检验最早、最典型的方法, 他在理论分布完全给定的情况下求出了检验统计量的极限分布. 1901 年, 他创办了《生物统计学》, 使数理统计有了自己的阵地, 这是 20 世纪初叶数学的重大收获之一.

英国实验遗传学家兼统计学家费歇尔, 是将数理统计作为一门数学学科的奠基者. 他开创的试验设计法, 凭借随机化的手段成功地把概率模型带进了实验领域, 并建立了方差分析法来分析这种模型. 他造就了一个学派, 在纯粹数学和应用数学方面都建树卓越.

从二战后到现在, 是统计学发展的第三个时期, 这是一个在前一段发展的基础上, 随着生产和科技的普遍进步, 而使这个学科得到飞速发展的一个时期, 同时, 也出现了不少有待解决的大问题. 这一时期的发展可总结如下:

一是在应用上越来越广泛. 统计学的发展一开始就是应实际的要求, 并与实际密切结合的.

二是统计学理论也取得重大进展. 理论上的成就, 综合起来大致有两个主要方面, 一个方面与沃德提出的"统计决策理论", 另一方面就是大样本理论.

三是电子计算机的应用对统计学的影响. 一些需要大量计算的统计方法, 过去因计算工具不行而无法使用, 有了计算机, 这一切都不成问题. 在战后, 统计学应用越来越广泛, 这在相当程度上要归公功于计算机, 特别是高维数据的情况.

计算机的使用对统计学另一方面的影响是: 按传统数理统计学理论, 一个统计方法效果如何, 甚至一个统计方法如何付诸实施, 都有赖于决定某些统计量的分布, 而这常常是极困难的. 有了计算机, 就提供了一个新的途径: 模拟. 为把一个统计方法与其他方法比较, 选择若干组在应用上有代表性的条件, 在这些条件下, 通过模拟去比较两个方法的性能如何, 然后作出综合分析, 这避开了理论上难以解决的难题, 有极大的实用意义.

模块九 线性规划

【学习目标】

☆ 能够熟练地建立实际线性规划问题模型.

☆ 熟练掌握线性规划问题的图解法.

☆ 准确、熟练地应用单纯形法计算四个以下决策变量的线性规划问题.

☆ 理解、掌握线性规划对偶问题的经济含义及对偶单纯形法.

☆ 熟练地应用数学软件计算线性规划问题.

【引例】某企业计划生产Ⅰ、Ⅱ两种产品.这两种产品都要分别在 A、B、C、D 四个不同设备上加工.按工艺资料规定,生产每件产品Ⅰ需占用各设备分别为 2、1、4、0 小时,生产每件产品Ⅱ需占用各设备分别为 2、2、0、4 小时.已知各设备计划期内用于生产两种产品的能力分别为 12、8、16、12 小时,又知每生产一件产品Ⅰ企业能获得 2 元利润,每生产一件产品Ⅱ企业能获得 3 元利润.问该企业应如何安排生产,才能使总的利润最大.

	A	B	C	D	利润/(元·件$^{-1}$)
Ⅰ	2	1	4	0	2
Ⅱ	2	2	0	4	3
生产能力(H)	12	8	16	12	

在经济决策中,经常会遇到诸如在有限的资源(如人、原材料、资金等)情况下,如何合理安排生产,使效益达到最大;或者对给定的任务,如何统筹安排现有资源,能够完成给定的任务,使花费最小这类问题.这类现实中的问题,大都可以用线性规划的数学模型来描述.

第一节 线性规划问题的数学模型

一、规划问题的数学模型的组成要素

规划问题的数学模型包含三个要素:**决策变量**,指问题中要确定的未知量;**目标函数**,指问题所要达到的目标要求,表示为决策变量的函数;**约束条件**,指决策变量取值时应满足的一些限制条件,表示为含决策变量的等式或不等式.

如果在规划问题的模型中,决策变量为可控变量,取值是连续的,目标函数及约束条件都是线性的,这类模型叫做**线性规划模型**.

例 1 假定一个成年人每天需要从食物中获取 3 000 卡路里①热量,55 克蛋白质和 800 毫

---

① 1 卡路里=4.186 焦耳。

克钙. 如果市场上只有四种食品可供选择, 它们每千克所含热量和营养成分以及市场价格如下表所示. 问如何选择才能在满足营养的前提下使购买食品的费用最小?

序号	食品名称	热量/卡路里	蛋白质/g	钙/mg	价格/元
1	猪肉	1 000	50	400	10
2	鸡蛋	800	60	200	6
3	大米	900	20	300	3
4	白菜	200	10	500	2

解 设 $x_j(j=1,2,3,4)$ 为第 j 种食品每天的购买量, 则配餐问题数学模型为

$$\min z = 10x_1 + 6x_2 + 3x_3 + 2x_4,$$

$$s.t. \begin{cases} 10\,000x_1 + 800x_2 + 900x_3 + 200x_4 \geqslant 3\,000, \\ 50x_1 + 60x_2 + 20x_3 + 10x_4 \geqslant 55, \\ 400x_1 + 200x_2 + 300x_3 + 500x_4 \geqslant 800, \\ x_j \geqslant 0 (j = 1,2,3,4). \end{cases}$$

二、线性规划问题数学模型的几种表达形式

上述例题所提出的问题, 可归结为在变量满足线性约束条件下, 求使线性目标函数值最大或最小的问题. 它们具有共同的特征.

1. 每个问题都可用一组决策变量 $(x_1, x_2, \cdots, x_n)$ 表示某一方案, 其具体的值就代表一个具体方案. 通常可根据决策变量所代表的事物特点, 对变量的取值加以约束, 如非负约束.

2. 存在一组线性等式或不等式的约束条件.

3. 都有一个用决策变量的线性函数作为决策目标 (即目标函数), 按问题的不同, 要求目标函数实现最大化或最小化.

满足以上三个条件的数学模型称为**线性规划(LP)的数学模型**.

线性规划模型的一般表达形式有:

(1) 一般形式

$$\max 或 (\min)z = c_1x_1 + c_2x_2 + \cdots + c_nx_n,$$

$$s.t. \begin{cases} a_{11}x_1 + a_{12}x_2 + \cdots + a_{1n}x_n \leqslant (=, \geqslant)b_1, \\ a_{21}x_1 + a_{22}x_2 + \cdots + a_{2n}x_n \leqslant (=, \geqslant)b_2, \\ \qquad\qquad \cdots \\ a_{m1}x_1 + a_{m2}x_2 + \cdots + a_{mn}x_n \leqslant (=, \geqslant)b_m, \\ x_1, x_2, \cdots, x_n \geqslant 0. \end{cases}$$

此模型的简写形式为

$$\max 或 (\min)z = \sum_{j=1}^{n} c_j x_j,$$

$$s.t. \begin{cases} \sum_{j=1}^{n} a_{ij}x_j \leqslant (=, \geqslant)b_i (i = 1, \cdots, m), \\ x_j \geqslant 0 (j = 1, \cdots, n). \end{cases}$$

（2）向量形式

$$\max 或(\min)z = \boldsymbol{CX},$$

$$s.t. \begin{cases} \sum_{j=1}^{n} \boldsymbol{P}_j \boldsymbol{x}_j \leqslant (=,\geqslant)\boldsymbol{b}, \\ x_j \geqslant 0(j=1,\cdots,n). \end{cases}$$

式中

$$\boldsymbol{C} = (c_1,c_2,\cdots,c_n); \ \boldsymbol{X} = \begin{pmatrix} x_1 \\ x_2 \\ \vdots \\ x_n \end{pmatrix}; \ \boldsymbol{P}_j = \begin{pmatrix} a_{1j} \\ a_{2j} \\ \vdots \\ a_{mj} \end{pmatrix}; \ \boldsymbol{b} = \begin{pmatrix} b_1 \\ b_2 \\ \vdots \\ b_m \end{pmatrix}.$$

（3）矩阵形式

$$\max 或(\min)z = \boldsymbol{CX}$$

$$s.t. \begin{cases} \boldsymbol{AX} \leqslant (=,\geqslant)\boldsymbol{b} \\ \boldsymbol{X} \geqslant 0. \end{cases}$$

其中，$\boldsymbol{A}$ 称为约束方程组（约束条件）的系数矩阵，

$$\boldsymbol{A} = \begin{bmatrix} a_{11} & a_{12} & \cdots & a_{1n} \\ a_{21} & a_{22} & \cdots & a_{2n} \\ \vdots & \vdots & & \vdots \\ a_{m1} & a_{m2} & \cdots & a_{mn} \end{bmatrix}.$$

三、线性规划(LP)问题的标准型

为了讨论 LP 问题解的概念和解的性质以及对 LP 问题解法方便，必须把 LP 问题的一般形式化为统一的标准型：

$$\max z = \sum_{j=1}^{n} c_j x_j,$$

$$s.t. \begin{cases} \sum_{j=1}^{n} a_{ij} x_j = b_i \quad (i=1,\cdots,m), \\ x_j \geqslant 0 \quad (j=1,\cdots,n). \end{cases}$$

1.在标准形式的线性规划模型中要求.

（1）目标函数为求极大值（有些书上规定是求最小值）；

（2）约束条件全为等式，约束条件右端常数项 b_i 全为非负值；

（3）变量 x_j 的取值全为非负值.

2.对非标准形式的线性规划问题，化为标准形式的方法.

（1）目标函数为求极小值

$$\min z = \sum_{j=1}^{n} c_j x_j.$$

令 $z' = -z$，则目标函数化为

$$\max z' = -\sum_{j=1}^{n} c_j x_j.$$

（2）约束条件为不等式

① 当约束条件为"≤"时,例如,$2x_1 + 2x_2 \leqslant 12$,

可令 $x_3 = 12 - 2x_1 - 2x_2$ 或者 $2x_1 + 2x_2 + x_3 = 12$. 显然 $x_3 \geqslant 0$. 称 x_3 为**松弛变量**.

② 当约束条件为"≥"时,例如,$10x_1 + 12x_2 \geqslant 18$

令 $x_4 = 10x_1 + 12x_2 - 18$ 或者 $10x_1 + 12x_2 - x_4 = 18$. 显然 $x_4 \geqslant 0$. 称 x_4 为**剩余变量**.

松弛变量和剩余变量的实际含义:

松弛变量和剩余变量在实际问题中分别表示未被利用的资源和短缺的资源数,均未转化为价值和利润. 因此,在目标函数中,松弛变量和剩余变量的系数均为零.

（3）无约束变量

设 x 为无约束变量,令 $x = x' - x''$,其中 $x' \geqslant 0, x'' \geqslant 0$.

无约束变量的实际含义:

若变量 x 代表某产品当年计划数与上一年计划数之差,显然 x 的取值可正可负.

例 2 将下述线性规划模型化为标准形式.

$$\min z = -x_1 + 2x_2 + 3x_3,$$

$$s.t. \begin{cases} 2x_1 + x_2 + x_3 \leqslant 9, \\ 3x_1 + x_2 + 2x_3 \geqslant 4, \\ 3x_1 - 2x_2 - 3x_3 = -6, \\ x_1, x_2 \geqslant 0, x_3 \text{ 取值无约束}. \end{cases}$$

解

令 $z' = -z, x_3 = x'_3 - x''(x' \geqslant 0, x''_3 \geqslant 0), x_4 = 9 - 2x_1 - x_2 - x'_3 + x''_3,$

$x_5 = 3x_1 + x_2 + 2x'_3 - 2x''_3 - 4, -3x_1 + 2x_2 + 3x'_3 - 3x''_3 = 6.$

按上述规则将问题转化为:

$$\max z' = x_1 - 2x_2 - 3x'_3 + 3x''_3 + 0x_4 + 0x_5,$$

$$s.t. \begin{cases} 2x_1 + x_2 + x'_3 - x''_3 + x_4 = 9, \\ 3x_1 + x_2 + 2x'_3 - 2x''_3 - x_5 = 4, \\ -3x_1 + 2x_2 + 3x'_3 - 3x''_3 = 6, \\ x_1, x_2, x'_3, x''_3, x_4, x_5 \geqslant 0. \end{cases}$$

习题 9－1

1. 工厂每月生产 A、B、C 三种产品,单件产品的原材料消耗量、设备台时的消耗量、资源限量及单件产品利润如表 9－1 所示.

表 9－1

资源 \ 产品	A	B	C	资源限量
材料/kg	1.5	1.2	4	2 500
设备/台时	3	1.6	1.2	1 400
利润/(元·件⁻¹)	10	14	12	

根据市场需求,预测三种产品最低月需求量分别是 150、260 和 120,最高月需求是 250、310 和 130. 试建立该问题的数学模型,使每月利润最大.

2. A、B 两种产品,都需要经过前后两道工序加工,每一个单位产品 A 需要前道工序 1 小时和后道工序 2 小时,每一个单位产品 B 需要前道工序 2 小时和后道工序 3 小时.可供利用的前道工序有 11 小时,后道工序有 17 小时.每加工一个单位产品 B 的同时,会产生两个单位的副产品 C,且不需要任何费用,产品 C 一部分可出售赢利,其余的只能加以销毁.出售单位产品 A、B、C 的利润分别为 3、7、2 元,每单位产品 C 的销毁费为 1 元.预测表明,产品 C 最多只能售出 13 个单位.试建立总利润最大的生产计划数学模型.

3. 将下列线性规划化为标准形式.

(1)
$$\max z = x_1 + 4x_2 - x_3,$$
$$\begin{cases} 2x_1 + x_2 + 3x_3 \leqslant 20, \\ 5x_1 - 7x_2 + 4x_3 \geqslant 3, \\ 10x_1 + 3x_2 + 6x_3 \geqslant -5, \\ x_1 \geqslant 0, x_2 \geqslant 0, x_3 \text{ 无限制.} \end{cases}$$

(2)
$$\min z = 9x_1 - 3x_2 + 5x_3,$$
$$\begin{cases} |6x_1 + 7x_2 - 4x_3| \leqslant 20, \\ x_1 \geqslant 5, \\ x_1 + 8x_2 = -8, \\ x_1 \geqslant 0, x_2 \geqslant 0, x_3 \geqslant 0. \end{cases}$$

第二节 线性规划模型的解法

一、图解法

图解法步骤:

第一步 画出由约束条件所确定的区域;

第二步 对任意确定的 z,画出目标函数所代表的直线;

第三步 平移目标函数直线,确定最优解.

例 1 用图解法求下列线性规划问题的最优解:
$$\max z = 2x_1 + 3x_2,$$
$$s.t. \begin{cases} 2x_1 + 2x_2 \leqslant 12, \\ x_1 + 2x_2 \leqslant 8, \\ 4x_1 \leqslant 16, \\ 4x_2 \leqslant 12, \\ x_1, x_2 \geqslant 0. \end{cases}$$

解 由约束条件 $2x_1 + 2x_2 \leqslant 12$ 所确定的区域为图 9—1 的阴影部分,

由四个约束条件所确定的区域为图 9—2 的阴影部分区域.

图 9—1

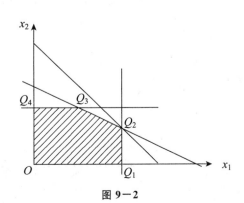

图 9—2

图 9-3 为目标函数 $z=2x_1+3x_2$ 所表示的一族直线. 图 9-4 中的点 Q_2 即为最优值点. 此问题有唯一最优解.

图 9-3

图 9-4

例 2 将例 1 中的目标函数 $\max z=2x_1+3x_2$ 改为 $\max z=2x_1+4x_2$，则线性规划问题的最优解为图 9-5 中线段 Q_3Q_2 上的所有点. 此问题有无穷多个最优解.

$$\max z=2x_1+4x_2,$$

$$s.t. \begin{cases} 2x_1+2x_2 \leqslant 12, \\ x_1+2x_2 \leqslant 8, \\ 4x_1 \leqslant 16, \\ 4x_2 \leqslant 12, \\ x_1,x_2 \geqslant 0. \end{cases}$$

图 9-5

例 3 用图解法求下列线性规划问题的最优解.

$$\max z=2x_1+3x_2,$$

$$s.t. \begin{cases} 4x_1 \leqslant 16 \\ x_1,x_2 \geqslant 0 \end{cases}$$

解 用图解法求解如图 9-6 所示，此问题无最优解（或称为无界解）.

例 4 用图解法求下列线性规划问题的最优解.

$$\max z=2x_1+3x_2,$$

$$s.t. \begin{cases} 2x_1+2x_2 \leqslant 12, \\ x_1+2x_2 \geqslant 14, \\ x_1,x_2 \geqslant 0. \end{cases}$$

解 用图解法求解如图 9-7 所示，此问题无可行解.

图 9-6

图 9-7

二、单纯形法

设线性规划问题为

$$\max z = \sum_{j=1}^{n} c_j x_j,$$

$$s.t. \begin{cases} \sum_{j=1}^{n} a_{ij} x_j \leqslant b_i & (i = 1, \cdots, m), \\ x_j \geqslant 0 & (j = 1, \cdots, n). \end{cases}$$

1. 化为标准形式

在第 i 个约束条件上加上松弛变量 $x_{si}(i=1,2,\cdots,m)$，化为标准形式

$$\max z = \sum_{j=1}^{n} c_j x_j + 0 \sum_{i=1}^{m} x_{si},$$

$$s.t. \begin{cases} \sum_{j=1}^{n} a_{ij} x_j + x_{si} = b_i & (i = 1, \cdots, m), \\ x_{si}, x_j \geqslant 0 & (j = 1, \cdots, n). \end{cases}$$

系数矩阵为

$$\begin{pmatrix} a_{11} & a_{12} & \cdots & a_{1n} & 1 & 0 & \cdots & 0 \\ a_{21} & a_{22} & \cdots & a_{2n} & 0 & 1 & \cdots & 0 \\ \vdots & \vdots & \vdots & \vdots & \vdots & \vdots & \vdots & \vdots \\ a_{m1} & a_{m2} & \cdots & a_{mn} & 0 & 0 & \cdots & 1 \end{pmatrix}.$$

2. 单纯形法的计算步骤

第一步：求出线性规划问题的初始基本可行解，列出初始单纯形表.

首先将线性规划问题化成标准形式.

由于总可以设法使约束方程的系数矩阵中包含一个单位矩阵，不妨设这个单位矩阵是 $(\boldsymbol{P}_1, \cdots, \boldsymbol{P}_m)$，以此作为基即可求得问题的一个初始基本可行解 $\boldsymbol{X} = (b_1, \cdots, b_m, 0, \cdots, 0)$.

要检验这个初始基本可行解是否最优，需要将其目标函数值与可行域中其他顶点的目标函数值比较.

为了计算上的方便和规范化，对单纯形法的计算设计了一种专门表格，称为单纯形表（见表 9—2）. 迭代计算中每找出一个新的基本可行解，就要重新画一张单纯形表. 含初始基本可行解的单纯形表称为**初始单纯形表**，含最优解的单纯形表称为**最终单纯形表**.

表 9—2

C_B	$c_j \rightarrow$ 基	b	c_1 x_1	$\cdots$	c_m x_m	$\cdots$	c_j x_j	$\cdots$	c_n x_n
c_1	x_1	b_1	1	$\cdots$	0	$\cdots$	a_{1j}	$\cdots$	a_{1n}
c_2	x_2	b_2	0	$\cdots$	0	$\cdots$	a_{2j}	$\cdots$	a_{2n}
$\vdots$	$\vdots$	$\vdots$	$\vdots$		$\vdots$		$\vdots$		$\vdots$
c_m	x_m	b_m	0	$\cdots$	1	$\cdots$	a_{mj}		a_{mn}
$c_j - z_j$			0	$\cdots$	0	$\cdots$	$c_j - \sum\limits_{i=1}^{m} c_i a_{ij}$	$\cdots$	$c_n - \sum\limits_{i=1}^{m} c_j a_{in}$

说明：

① 在单纯形表的第 2~3 列,列出了某个基本可行解中的基变量及它们的取值;

② 第二行列出问题中的所有变量,在基变量下面各列数字分别是对应的基向量数字,表 9—2 中变量 $x_1, \cdots, x_m$ 下面各列组成的单位矩阵就是初始基本可行解对应的基;

③ 每个非基变量 x_j 下面的数字,是该变量在约束方程的系数向量 P_j 表达为基向量线性组合时的系数;

④ 最上端的一行数字是各变量在目标函数中的系数值,最左端一列数是与各基变量对应的目标函数中的系数值 C_B;

⑤ $c_j - z_j = c_j - (c_1 a_{1j} + c_2 a_{2j} + \cdots + c_m a_{mj}) = c_j - \sum_{i=1}^{m} c_i a_{ij} = \sigma_j$

为对应变量 x_j 的检验数 σ_j. 对 $j = 1, \cdots, n$,将分别求得的检验数记入表 9—2 的最下面一行.

第二步：进行最优性检验.

如果表 9—2 中所有检验数 $\sigma_j \leqslant 0$,则表 9—2 中的基本可行解就是问题的最优解,计算到此结束.否则转入第三步.

第三步：从一个基本可行解转换到另一个目标函数值更大的基本可行解,列出新的单纯形表.

① 确定入基变量.

只要有检验数 $\sigma_j > 0$,对应的变量 x_j 就可以作为换入基的变量,当有一个以上检验数大于 0 时,从中找出最大一个 σ_k,

$$\sigma_k = \max_j \{\sigma_j \mid \sigma_j > 0\},$$

其对应的变量 x_k 作为换入基的变量(简称入基变量).

② 确定出基变量

对 P_k 列,计算

$$\theta = \min_i \left\{ \frac{b_i}{a_{ik}} \mid a_{ik} > 0 \right\} = \frac{b_l}{a_{lk}},$$

确定 x_l 是换出基的变量(简称出基变量).

元素 a_{lk} 决定了从一个基本可行解到另一个基本可行解的转移去向,称为**主元素**.

③ 用入基变量 x_k 替换基变量中的出基变量 x_l,得到一个新的基

$$(P_1, \cdots, P_{l-1}, P_k, P_{l+1}, \cdots P_m).$$

对应这个基可以找出一个新的基本可行解,并相应地画出一个新的单纯形表(表 9—3).

表 9—3

	$c_j \rightarrow$		c_1	$\cdots$	c_l	$\cdots$	c_m	$\cdots$	c_j	$\cdots$	c_k	$\cdots$	c_n
C_B	基	b	x_1	$\cdots$	x_l	$\cdots$	x_m	$\cdots$	x_j	$\cdots$	x_k	$\cdots$	x_n
c_1	x_1	b'_1	1	$\cdots$	$-a_{1k}/a_{lk}$	$\cdots$	0	$\cdots$	a'_{1j}	$\cdots$	0	$\cdots$	a'_{1n}
$\vdots$	$\vdots$	$\vdots$	$\vdots$		$\vdots$		$\vdots$		$\vdots$		$\vdots$		$\vdots$
c_{l-1}	x_{l-2}	b'_{l-1}	0	$\cdots$	$-a_{l-1,k}/a_{lk}$	$\cdots$	0	$\cdots$	$a'_{l-1,j}$	$\cdots$	0	$\cdots$	$a'_{l-1,n}$
c_k	x_k	b'_l	0	$\cdots$	$1/a_{lk}$	$\cdots$	0	$\cdots$	a'_{lj}	$\cdots$	1	$\cdots$	a'_{ln}

$c_j \rightarrow$			c_1	...	c_l	...	c_m	...	c_j	...	c_k	...	c_n
C_B	基	b	x_1	...	x_l	...	x_m	...	x_j	...	x_k	...	x_n
c_{l+1}	x_{l+1}	b'_{l+1}	0	...	$-a_{l+1,k}/a_{lk}$	...	0	...	$a'_{l+1,j}$	...	0	...	$a'_{l+1,n}$
⋮	⋮	⋮	⋮		⋮		⋮		⋮		⋮		⋮
c_m	x_m	b'_m	0	...	$-a_{mk}/a_{lk}$	...	1	...	$a'mj$	...	0	...	a'_{mn}
$c_j - z_j$			0	...	$c_i - \sum_{j=1}^m c_i a'_l$	...	0	...	$c_j - \sum_{i=1}^m c_i a'_{ij}$	...	0	...	$c_n - \sum_{i=1}^m c_j a'_{im}$

在这个新的表中,基仍然是单位矩阵,即 $\boldsymbol{P}_k$ 应变换成单位向量.为此对表 9-2 进行下列运算,并将运算结果填入表 9-3 相应格中.

(a)将主元素所在 l 行数字除以主元素 a_{lk},即有

$$b'_l = \frac{b_l}{a_{lk}}, \quad a'_{lj} = \frac{a_{lj}}{a_{lk}};$$

(b)将表 9-3 中刚计算得到第 l 行数字乘上 $(-a_{lk})$,加到表 9-2 的第 i 行数字上,记入表 9-3 的相应行,即有

$$b'_i = b_i - \frac{b_l}{a_{lk}} \cdot a_{ik} (i \neq l),$$

$$a'_{ij} = a_{ij} - \frac{a_{lj}}{a_{lk}} \cdot a_{ik} (i \neq l).$$

(c)表 9-3 中与各变量对应的检验数求法与前相同.

第四步:重复第二、三步一直到计算结束为止.

例 5　用单纯形法求解线性规划问题.

$$\max z = 2x_1 + 3x_2,$$

$$\begin{cases} 2x_1 + 2x_2 \leqslant 12, \\ x_1 + 2x_2 \leqslant 8, \\ 4x_1 \leqslant 16, \\ 4x_2 \leqslant 12, \\ x_1, x_1 \geqslant 0. \end{cases}$$

解　首先在各约束条件上添加松弛变量,将上述问题化为标准形式.

$$\max z = 2x_1 + 3x_2 + 0x_3 + 0x_4 + 0x_5 + 0x_6,$$

$$\begin{cases} 2x_1 + 2x_2 + x_3 = 12, \\ x_1 + 2x_2 + x_4 = 8, \\ 4x_1 + x_5 = 16, \\ 4x_2 + x_6 = 12, \\ x \geqslant 0 (j = 1, \cdots, 6). \end{cases}$$

$X = (0, 0, 12, 8, 16, 12)$ 为一个基本可行解,列出初始单纯形表,见表 9-4. 表中存在大于零的检验数,故初始基本可行解不是最优解. 由于 $\sigma_2 > \sigma_1$,故确定 x_2 为入基变量.将 b 列数字除以 x_2 列的同行大于零数字,得

$$\theta = \min\left(\frac{12}{2}, \frac{8}{2}, \frac{12}{4}\right) = \frac{12}{4} = 3.$$

表 9－4

C_B	基	b	$C_j \to$ 2 x_1	3 x_2	0 x_3	0 x_4	0 x_5	0 x_6
0	x_3	12	2	2	1	0	0	0
0	x_4	8	1	2	0	1	0	0
0	x_5	16	4	0	0	0	1	0
0	x_6	12	0	[4]	0	0	0	1
	$c_j \to z_j$		2	3	0	0	0	0

因此确定 x_6 为出基变量，4 为主元素. 作为标志对主元素 4 加上"[ ]".

用 x_2 替换基变量中的 x_6 后得到新的基变量是 x_3, x_4, x_5, x_2，画出新的单纯形表 9－5.

表 9－5

C_B	基	b	$C_j \to$ 2 x_1	3 x_2	0 x_3	0 x_4	0 x_5	0 x_6
0	x_3	6	2	0	1	0	0	-0.5
0	x_4	2	[1]	0	0	1	0	-0.5
0	x_5	16	4	0	0	0	1	0
0	x_2	3	0	1	0	0	0	0.25
	$c_j \to z_j$		2	0	0	0	0	-0.75

检验数 $\sigma_1 > 0$，说明目标函数值还能进一步增大. 重复上述计算步骤得表 9－6.

表 9－6

C_B	基	b	$C_j \to$ 2 x_1	3 x_2	0 x_3	0 x_4	0 x_5	0 x_6
0	x_3	2	0	0	1	-2	0	0.5
2	x_1	2	1	0	0	1	0	-0.5
0	x_5	8	0	0	0	-4	1	[2]
3	x_2	3	0	1	0	0	0	0.25
	$c_j \to z_j$		0	0	0	-2	0	0.25
0	x_3	0	0	1	-1	-1	-0.25	0
2	x_1	4	1	0	0	0	-0.25	0
0	x_6	4	0	0	0	-2	0.5	1
3	x_2	2	0	1	0	0.5	-0.125	0
	$c_j \to z_j$		0	0	0	-1.5	-0.125	0

表 9—6 中由于所有 $\sigma_j \leqslant 0$，表明已经求得问题的最优解，

$$x_1 = 4, x_2 = 2, x_3 = 0, x_4 = 0, x_5 = 0, x_6 = 4, z = 14.$$

说明：在表 9—6 上半部分的计算中碰到一个问题：当确定 x_6 为入基变量计算 θ 值时，有两个相同的最小值 $\dfrac{2}{0.5} = 4$ 和 $\dfrac{8}{2} = 4$. 当任选其中一个基变量作为出基变量时，则接下的表中另一基变量的值将等于 0，这种现象称为退化.

出现退化时，可以随意决定哪一个变量作为出基变量.

习题 9—2

1. 图解下列线性规划并指出解的形式.

$$(1)\begin{cases} \max z = -2x_1 + x_2, \\ x_1 + x_2 \geqslant 1, \\ x_1 - 3x_2 \geqslant -1, \\ x_1, x_2 \geqslant 0; \end{cases}$$

$$(2)\begin{cases} \min z = -x_1 - 3x_2, \\ 2x_1 - x_2 \geqslant -2, \\ 2x_1 + 3x_2 \leqslant 12, \\ x_1 \geqslant 0, x_2 \geqslant 0. \end{cases}$$

2. 用单纯形法求解下列线性规划.

$$(1)\begin{cases} \max z = 3x_1 + 4x_2 + x_3, \\ 2x_1 + 3x_2 + x_3 \leqslant 1, \\ x_1 + 2x_2 + 2x_3 \leqslant 3, \\ x_j \geqslant 0, j = 1,2,3; \end{cases}$$

$$(2)\begin{cases} \max z = 2x_1 + x_2 - 3x_3 + 5x_4, \\ x_1 + 5x_2 + 3x_3 - 7x_4 \leqslant 30, \\ 3x_1 - x_2 + x_3 + x_4 \leqslant 10, \\ 2x_1 - 6x_2 - x_3 + 4x_4 \leqslant 20, \\ x_j \geqslant 0, j = 1,\cdots,4. \end{cases}$$

第三节 线性规划的对偶理论

一、问题的提出

【引例】某工厂生产甲乙两种产品，每件产品的利润、耗材工时及每天的材料限额和工时限额见表 9—7. 问如何安排生产，使每天所获得的利润最大？

解 设生产甲 x_1 件，乙 x_2 件，则此问题的线性规划模型为：

$$\max z = 4x_1 + 3x_2,$$
$$s.t.\begin{cases} 2x_1 + 3x_2 \leqslant 24, \\ 3x_1 + 2x_2 \leqslant 26, \\ x_1, x_2 \geqslant 0. \end{cases}$$

表 9—7

	甲	乙	限额
材料	2	3	24
工时	3	2	26
利润（元·件⁻¹）	4	3	

现在从另一个角度来考虑问题. 假设工厂不安排生产，而是出售材料，出租工时. 问如何定价可使工厂获利不低于安排生产所获得的收益，而且又能使这些定价具有竞争力？

设出售材料的定价为每单位 y_1 元，出售工时的定价为每工时 y_2 元. 从工厂考虑，在这些定价下的获利不应低于安排生产所获得的收益，否则工厂宁可生产，而不出售材料和出租工时. 因此有：

$$\min w = 24y_1 + 26y_2,$$
$$s.t. \begin{cases} 2y_1 + 3y_2 \geqslant 4, \\ 3y_1 + 2y_2 \geqslant 3, \\ y_1, y_2 \geqslant 0. \end{cases}$$

对偶问题：内容一致但从相反的角度提出的一对问题称为**对偶问题**.

原问题的一般描述为：设某企业有 m 种资源用于生产 n 种不同的产品，各种资源的拥有量为 $b_i(i=1,\cdots,m)$. 生产单位第 j 种产品 $(j=1,\cdots,m)$ 需要消费第 i 种资源 a_{ij} 单位，产值为 c_j 元. 若用 x_j 代表第 j 种产品的生产数量，为使该企业产值最大，可建立如下线性规划模型.

$$\max z = c_1 x_1 + c_2 x_2 + \cdots + c_n x_n,$$
$$\begin{cases} a_{11} x_1 + a_{12} x_2 + \cdots a_{1n} x_n \leqslant b_1, \\ a_{21} x_1 + a_{22} x_2 + \cdots + a_{2n} x_n \leqslant b_2, \\ \quad\quad\quad\quad \cdots \\ a_{m1} x_1 + a_{m2} x_2 + \cdots + a_{mn} x_n \leqslant b_m, \\ x_i \geqslant 0 (j = 1, 2, \cdots, n). \end{cases}$$

现在从相反角度提出问题，则对偶问题的一般描述为：假定有另一企业欲将上述企业拥有的资源收买过来，至少应付出多少代价，才能使前一企业放弃生产活动，出让资源. 显然前一企业放弃自己组织生产活动的条件是：对同等资源出让的代价不应当低于该企业自己组织生产时的产值.

如果该企业生产一个单位第 i 种产品时，消耗各种资源的数量分别为 $a_{11}, a_{21}, \cdots, a_{m1}$，用 y_i 代表收买该企业一个单位第 i 种资源时付给的代价，则应有

$$a_{11} y_1 + a_{21} y_2 + \cdots + a_{m1} y_m \geqslant c_1.$$

由于出让相当于生产一个单位 j 种产品资源消耗的价值应不低于单位 j 种产品的价值 c_j 元，因此又有

$$a_{1j} y_1 + a_{2j} y_2 + \cdots + a_{mj} y_m \geqslant c_j$$

对后一企业来说，希望用最小代价把前一企业所有资源收买过来，因此有

$$\min \omega = b_1 y_1 + b_2 y_2 + \cdots + b_m y_m,$$
$$\begin{cases} a_{11} y_1 + a_{21} y_2 + \cdots a_{m1} y_m \leqslant c_1, \\ a_{12} y_1 + a_{22} y_2 + \cdots + a_{m2} y_m \leqslant c_2, \\ \quad\quad\quad\quad \cdots \\ a_{1n} y_1 + a_{2n} y_2 + \cdots + a_{mn} y_n \leqslant c_n, \\ y_i \geqslant 0 (i = 1, 2, \cdots, m). \end{cases}$$

后一个线性规划问题是前一个问题从相反角度做的阐述. 如果前者称为线性规划问题，则后者称为它的对偶问题.

二、对偶问题的数学模型

1. 数学模型

若将上述线性规划的原问题用矩阵形式表达，可写为

$$\max z = \boldsymbol{CX}$$
$$\begin{cases} \boldsymbol{AX} \leqslant \boldsymbol{b}, \\ \boldsymbol{X} \geqslant 0. \end{cases}$$

由此可以得出与前面内容一样的对偶问题

$$\min w = \boldsymbol{C},$$
$$\begin{cases} \boldsymbol{YA} \geqslant \boldsymbol{C}, \\ \boldsymbol{Y} \geqslant 0. \end{cases}$$

将上述线性规划的原问题与对偶问题进行比较可以看出:

(1)一个问题中的约束条件个数等于另一个问题中的变量数;

(2)一个问题中目标函数的系数是另一个问题中约束条件的右端项;

(3)目标函数在一个问题中是求最大值,在另一问题中则为求最小值.

这些关系可用下面表9—8表示.

表 9—8

			原问题(求极大)				
			c_1	c_2	$\cdots$	c_n	右侧
			x_1	x_2	$\cdots$	x_n	
对偶问题（求极小）	b_1	y_1	a_{11}	a_{12}	$\cdots$	a_{1n}	$\leqslant b_1$
	b_2	y_2	a_{21}	a_{22}	$\cdots$	a_{2n}	$\leqslant b_2$
	$\vdots$	$\vdots$	$\vdots$	$\vdots$		$\vdots$	$\vdots$
	b_m	y_m	a_{m1}	a_{m2}	$\cdots$	a_{mn}	$\leqslant b_n$
	右侧		$\geqslant c_1$	$\geqslant c_2$	$\cdots$	$\geqslant c_n$	

说明:表9—8中右上角是原问题,左下角部分旋转90°就是对偶问题.

例1 写出下述线性规划的对偶问题.

$$\min z = 7x_1 + 4x_2 - 3x_3,$$
$$\begin{cases} -4x_1 + 2x_2 - 6x_3 \leqslant 24, \\ -3x_1 - 6x_2 - 4x_3 \geqslant 15, \\ 5x_2 + 3x_3 = 30, \\ x_1 \leqslant 0, x_2 \text{ 取值无约束}, x_3 \geqslant 0. \end{cases}$$

解 第一步:令 $x_1' = -x_1, x_2 = x_2' - x_2''$,并将所有约束写成"$\geqslant$"的形式,有

$$\min z = -7x_1' + 4x_2' - 4_2'' - 3x_3,$$
$$\begin{cases} -4x_1' - 2x_2' + 2_2'' + 6x_3 \geqslant -24, \\ 3x_1' - 6x_2' + 6x_2'' - 4x_3 \geqslant 15, \\ 5x_2' - 5x_2'' + 3x_3 \geqslant 30, \\ -5x_2' + 5x_2'' - 3x_3 \geqslant -30, \\ x_1', x_2', x_2'', x_3 \geqslant 0. \end{cases}$$

第二步:令与上式四个约束条件对应的对偶变量分别为 y_1', y_2, y_3', y_3'',其对偶问题为:

$$\max w = -24y_1' + 15y_2 + 30y_3' - 30y_3'',$$

$$\begin{cases} -4y_1' + 3y_2 \leqslant -7, \\ -2y_1' - 6y_2 + 5y_3' - 5y_3'' \leqslant 4, \\ 2y_1' + 6y_2 - 5y_3' + 5y_3'' \leqslant -4, \\ 6y_1' - 4y_2 + 3y_3' - 3y_3'' \leqslant -3, \\ y_1', y_2', y_3', y_3'' \geqslant 0. \end{cases}$$

第三步：再令 $y_1 = -y_1'$，$y_3 = y_3' - y_3''$，并将第 2、3 两个约束条件合并成等式约束，有

$$\max w = 24y_1 + 15y_2 + 30y_3,$$

$$\begin{cases} -4y_1 - 3y_2 \geqslant 7, \\ 2y_1 - 6y_2 + 5y_3 = 4, \\ -6y_1 - 4y_2 + 3y_3 \leqslant -3, \\ y_1 \leqslant 0, y_2 \geqslant 0, y_3 \text{ 无约束}. \end{cases}$$

根据此例可归纳出如表 9—9 给出的对应关系，由此表可以直接由原问题写出对偶问题.

表 9—9

原问题（对偶问题）	对偶问题（原问题）
目标函数 max	目标函数 min
变量 $\begin{cases} n \text{ 个} \geqslant 0 \\ \leqslant 0 \\ \text{无约束} \end{cases}$	$\begin{cases} \geqslant \\ \leqslant \\ = \end{cases} n \text{ 个 约束条件}$
目标函数中变量的系数	约束条件右端项
约束条件 $\begin{cases} m \text{ 个} \leqslant \\ \geqslant \\ = \end{cases}$	$m \text{ 个} \begin{cases} \geqslant 0 \\ \leqslant 0 \\ \text{无约束} \end{cases}$ 变量
约束条件右端项	目标函数中变量的系数

经济学解释：

① **影子价格**：对偶变量 y_i 代表对一个单位第 i 种资源的估价. 这种估价不是资源的市场价格，而是根据资源在生产中的贡献而作的估价，称其为**影子价格**.

② 在生产过程中，如果某种资源 b_i 未得到充分利用，则该种资源的影子价格为零；当某种资源的影子价格不为零时，表明该种资源在生产中已消耗完毕.

习题 9—3

1. 某人根据医嘱，每天需补充 A、B、C 三种营养，A 不少于 80 单位，B 不少于 150 单位，C 不少于 180 单位. 此人准备每天从六种食物中摄取这三种营养成分. 已知六种食物每百克的营养成分含量及食物价格如表 9—10 所示.（1）试建立此人在满足健康需要的基础上花费最少的数学模型；（2）假定有一个厂商计划生产一种药丸，售给此人服用，药丸中包含有 A、B、C 三种营养成分. 试为厂商制定一个药丸的合理价格，既使此人愿意购买，又使厂商能获得最大利益，建立数学模型.

表 9－10

含量＼食物营养成分	一	二	三	四	五	六	需要量
A	13	25	14	40	8	11	≥80
B	24	9	30	25	12	15	≥150
C	18	7	21	34	10	0	≥180
食物单价(元/100g)	0.5	0.4	0.8	0.9	0.3	0.2	

2. 写出下列线性规划的对偶问题.

(1) $\max z = -2x_1 + 4x_2$,
$$\begin{cases} -x_1 + 3x_2 \leqslant -1, \\ x_1 + 5x_2 \leqslant 4, \\ x_1, x_2 \geqslant 0; \end{cases}$$

(2) $\min z = 2x_1 - x_2 + 3x_3$,
$$\begin{cases} x_1 + 2x_2 = 10, \\ -x_1 - 3x_2 + x_3 \geqslant 8, \\ x_1, x_2 \text{无约束}, x_3 \geqslant 0. \end{cases}$$

第四节　灵敏度分析

一、问题的提出

前面所讲的线性规划问题中,都假定 a_{ij}、b_i、c_j 为已知常数.但是实际上这些数值往往是估计和预测的,例如市场条件变化,c_j 值就会变化;a_{ij} 随生产工艺、技术条件的改变而变化;b_i 则是根据资源投入后能产生多大经济效果来决定的一种决策选择.因此就会提出以下问题:当这些数值中的一个或几个发生变化时,问题的最优解如何变化,这就是灵敏度分析所研究的问题.

当然,当线性规划问题中的一个或几个参数变化时,可以用单纯形法从头计算,看最优解有无变化.但是这样做既麻烦又没有必要.前面已经介绍了单纯形法的迭代计算是从一组基向量变换为另一组基向量,表中每步迭代得到的数值只随基向量的不同选择而改变.这时可以把个别数值的变化直接在最终单纯形表上反映出来.因此就不需要从头计算,而直接对计算得到最优解的单纯形表进行检查,看一些数值变化后,是否仍满足最优解的条件.如果不满足,再从这个表开始进行迭代计算,求出最优解.

二、灵敏度分析的步骤

1. 将参数的改变计算反映到最终单纯形表中,具体方法是按下列公式计算出由参数 a_{ij}、b_i、c_j 的变化而引起的最终单纯形表上有关数值的变化,

$$\Delta \boldsymbol{b}^* = \boldsymbol{B}^{-1} \Delta \boldsymbol{b}, \tag{9－1}$$

$$\Delta \boldsymbol{P}_j^* = \boldsymbol{B}^{-1} \Delta \boldsymbol{P}_j, \tag{9－2}$$

$$\Delta(c_j - z_j)^* = \Delta(c_j - z_j) - \sum_{i=1}^m a_{ij} y_i \tag{9－3}$$

2. 检验原问题是否仍为可行解.

3. 检验对偶问题是否仍为可行解.

4. 按照表 9−11 所列情况得出结论或确定继续计算的步骤.

表 9−11

原问题	对偶问题	结论或继续计算的步骤
可行解	可行解	仍为问题最优解
可行解	非可行解	用单纯形法继续迭代求最优解
可行解	可行解	用对偶单纯形法继续迭代求最优解
非可行解	非可行解	引进人工变量，对新的单纯形表重新计算

三、灵敏度分析

1. 约束条件右端项 b_i 变化的影响

b_i 的变化在实际问题中表明可用资源的数量发生变化. 由公式（9−1）～公式（9−3）看出 b_i 变化反映到最终单纯形表上只引起基变量列数值的变化. 因此灵敏度分析的步骤为：

（1）按照公式（9−1）算出 Δb^*，将其加到基变量解的数值上；

（2）由于其对偶问题仍为可行解，故只需检验原问题是否仍为可行解，再按照表 9−11 所列结论进行.

例 1 对于前面讨论过的线性规划问题

$$\max z = 2x_1 + x_2,$$
$$\begin{cases} 5x_2 \leqslant 15, \\ 6x_1 + 2x_2 \leqslant 24, \\ x_1 + x_2 \leqslant 5, \\ x_1, x_2 \geqslant 0. \end{cases}$$

若将第二个约束条件的右端项增大到 32，试分析最优解的变化.

解 此问题的最终单纯形表如表 9−12 所示.

表 9−12

		x_1	x_2	x_3	x_4	x_5
x_3	15/2	0	0	1	5/4	−15/2
x_1	7/2	1	0	0	1/4	−1/2
x_2	3/2	0	1	0	−1/4	3/2
$z_j - c_j$		0	0	0	1/4	1/2

因为

$$\Delta \boldsymbol{b} = \begin{pmatrix} 0 \\ 32-24 \\ 0 \end{pmatrix} = \begin{pmatrix} 0 \\ 8 \\ 0 \end{pmatrix}.$$

由公式（9−1），有

$$\Delta \boldsymbol{b}^* = \begin{pmatrix} 1 & 5/4 & -15/2 \\ 0 & 1/4 & -1/2 \\ 0 & -1/4 & 3/2 \end{pmatrix} \begin{pmatrix} 0 \\ 8 \\ 0 \end{pmatrix} = \begin{pmatrix} 10 \\ 2 \\ -2 \end{pmatrix}.$$

将其加到表 1-27 最终单纯形表的基变量解这一列数值上,得表 9-13.

表 9-13

		x_1	x_2	x_3	x_4	x_5
x_3	35/2	0	0	1	5/4	-15/2
x_1	11/2	1	0	0	1/4	-1/2
x_2	-1/2	0	1	0	[-1/4]	3/2
$z_j - c_j$		0	0	0	1/4	1/2

因表 9-14 中原问题为非可行解,故用对偶单纯形法继续计算,得表 9-14.

表 9-14

		x_1	x_2	x_3	x_4	x_5
x_3	15	0	5	1	0	0
x_1	5	1	1	0	0	1
x_4	2	0	-4	0	1	-6
$z_j - c_j$		0	-1	0	0	-2

即新的最优解为

$$x_1 = 5, \quad z^* = 2 \times 5 = 10.$$

习题 9-4

1. 某工厂利用原材料甲、乙、丙生产产品 A、B、C,有关资料见表 9-15.

(1)怎样安排生产,使利润最大.

(2)若增加 1 kg 原材料甲,总利润增加多少.

(3)设原材料乙的市场价格为 1.2 元/kg,若要转卖原材料乙,工厂应至少叫价多少,为什么.

(4)单位产品利润分别在什么范围内变化时,原生产计划不变.

(5)原材料分别单独在什么范围内波动时,仍只生产 A 和 C 两种产品.

(6)由于市场的变化,产品 B、C 的单件利润变为 3 元和 2 元,这时应如何调整生产计划.

(7)工厂计划生产新产品 D,每件产品 D 消耗原材料甲、乙、丙分别为 2 kg,2 kg 及 1 kg,每件产品 D 应获利多少时有利投产.

表 9-15

材料消耗 产品 原材料	A	B	C	每月可供原材料 (kg)
甲	2	1	1	200
乙	1	2	3	500
丙	2	2	1	600
每件产品利润	4	1	3	

※第五节　应用与实践九

一、应用

线性规划（Linear Programming，简记 LP）是数学规划的一个重要组成部分.自从 1947 年 G. B. Dantzig 提出求解线性规划的单纯形法以来,线性规划在理论上日趋成熟,在应用上日趋广泛,已成为现代管理中经常采用的基本方法之一.

例1　某企业计划生产Ⅰ、Ⅱ两种产品.这两种产品都要分别在 A、B、C、D 四个不同设备上加工.按工艺资料规定,生产每件产品Ⅰ需占用各设备分别为 2、1、4、0 小时,生产每件产品Ⅱ需占用各设备分别为 2、2、0、4 小时.已知各设备计划期内用于生产两种产品的能力分别为 12、8、16、12 小时,又知每生产一件产品Ⅰ企业能获得 2 元利润,每生产一件产品Ⅱ企业能获得 3 元利润.如表 9－16 所示,问该企业应如何安排生产,才能使总的利润最大.

表 9－16

	A	B	C	D	利润（元/件）
Ⅰ	2	1	4	0	2
Ⅱ	2	2	0	4	3
生产能力（H）	12	8	16	12	

解　设 x_1 和 x_2 分别表示Ⅰ、Ⅱ两种产品在计划期内的产量.因设备 A 在计划期内的有效时间为 12 小时,不允许超过,因此有

$$2x_1 + 2x_2 \leqslant 12.$$

对设备 B、C、D 也可列出类似的不等式

$$x_1 + 2x_2 \leqslant 8,\ 4x_1 \leqslant 16,\ 4x_2 \leqslant 12.$$

企业的目标是在各种设备允许的情况下,使总的利润收入 $z = 2x_1 + 3x_2$ 为最大.因此,该问题的研究可归结为下面的数学模型:

$$\max z = 2x_1 + 3x_2,$$

$$s.t. \begin{cases} 2x_1 + 2x_2 \leqslant 12, \\ x_1 + 2x_2 \leqslant 8, \\ 4x_1 \leqslant 16, \\ 4x_2 \leqslant 12, \\ x_1, x_2 \geqslant 0. \end{cases}$$

例2　某投资人现有下列四种投资机会,三年内每年年初都有 3 万元（不计利息）可供投资:

方案一:在三年内投资人应在每年年初投资,一年结算一次,年收益率是 20%,下一年可继续将本息投入获利;

方案二:在三年内投资人应在第一年年初投资,两年结算一次,收益率是 50%,下一年可继续将本息投入获利,这种投资最多不超过 2 万元;

方案三:在三年内投资人应在第二年年初投资,两年结算一次,收益率是 60%,这种投资最多不超过 1.5 万元;

方案四:在三年内投资人应在第三年年初投资,一年结算一次,年收益率是 30%,这种投资最多不超过 1 万元.

投资人应采用怎样的投资决策使三年的总收益最大,建立数学模型.

解 设 x_{ij} 为第 i 年投入第 j 项目的资金数,变量表如下

	项目一	项目二	项目三	项目四
第 1 年	x_{11}	x_{12}		
第 2 年	x_{21}		x_{23}	
第 3 年	x_{31}			x_{34}

数学模型为

$$\max z = 0.2x_{11} + 0.2x_{21} + 0.2x_{31} + 0.5x_{12} + 0.6x_{23} + 0.3x_{34},$$

$$\text{s. t.}\begin{cases} x_{11} + x_{12} \leqslant 30\ 000, \\ -1.2x_{11} + x_{21} + x_{23} \leqslant 30\ 000, \\ -1.5x_{12} - 1.2x_{21} + x_{31} + x_{34} \leqslant 30\ 000, \\ x_{12} \leqslant 20\ 000, \\ x_{23} \leqslant 15\ 000, \\ x_{34} \leqslant 10\ 000, \\ x_{ij} \geqslant 0, i = 1, \cdots, 3; j = 1, \cdots, 4. \end{cases}$$

最优解 $X = (30\ 000, 0, 66\ 000, 0, 109\ 200, 0)$,$z = 84\ 720$.

二、实践——用 MATLAB 解线性规划问题

实验目的

1. 学习、使用数学系统软件解线性规划问题.

2. 掌握线性规划模型在实际问题中的应用.

利用 MATLAB 解线性规划问题

线性规划问题即目标函数和约束条件均为线性函数的问题.

其标准形式为:

min

$$\text{s. t.}\begin{cases} \boldsymbol{C}^{\mathrm{T}}\boldsymbol{X}, \\ \boldsymbol{AX} = \boldsymbol{b}, \\ \boldsymbol{X} \geqslant 0. \end{cases}$$

其中 $\boldsymbol{C}, \boldsymbol{b}, 0 \in \boldsymbol{R}^n, \boldsymbol{A} \in \boldsymbol{R}^{m \times n}$,均为数值矩阵,$\boldsymbol{X} \in \boldsymbol{R}^n$.

若目标函数为:$\max \boldsymbol{C}^{\mathrm{T}}\boldsymbol{X}$,则转换成:$\min -\boldsymbol{C}^{\mathrm{T}}\boldsymbol{X}$.

标准形式的线性规划问题简称为 LP(Linear Programming)问题.其他形式的线性规划问题经过适当的变换均可以化为此种标准形.线性规划问题虽然简单,但在工农业及其他生产部门中应用十分广泛.

在 MATLAB 中,线性规划问题由 linprog 函数求解.

函数：linprog　　　%求解如下形式的线性规划问题：

$$\min f^{\mathrm{T}} x,$$

$$\text{s. t.} \quad \begin{cases} A \cdot x \leqslant b, \\ Aeq \cdot x = beq, \\ lb \leqslant x \leqslant ub. \end{cases}$$

其中 f, x, b, beq, lb, ub 为向量，A, Aeq 为矩阵.

格式：x = linprog(f,A,b)

　　　x = linprog(f,A,b,Aeq,beq)

　　　x = linprog(f,A,b,Aeq,beq,lb,ub)

　　　x = linprog(f,A,b,Aeq,beq,lb,ub,x0)

　　　x = linprog(f,A,b,Aeq,beq,lb,ub,x0,options)

　　　[x,fval] = linprog(...)

　　　[x,fval,exitflag] = linprog(...)

　　　[x,fval,exitflag,output] = linprog(...)

　　　[x,fval,exitflag,output,lambda] = linprog(...)

说明：

x = linprog(f,A,b) 求解问题 min $f^{\mathrm{T}} * x$,约束条件为 A * x<=b.

x = linprog(f,A,b,Aeq,beq) 求解上面的问题,但增加等式约束,即 Aeq * x = beq. 若没有不等式存在,则令 A = [ ],b = [ ].

x = linprog(f,A,b,Aeq,beq,lb,ub) 定义设计变量 x 的下界 lb 和上界 ub,使得 x 始终在该范围内. 若没有等式约束,令 Aeq = [ ],beq = [ ].

x = linprog(f,A,b,Aeq,beq,lb,ub,x0) 设置初值为 x0. 该选项只适用于中型问题,默认时大型算法将忽略初值.

x = linprog(f,A,b,Aeq,beq,lb,ub,x0,options) 用 options 指定的优化参数进行最小化.

[x,fval] = linprog(...) 返回解 x 处的目标函数值 fval.

[x,fval,exitflag] = linprog(...) 返回 exitflag 值,描述函数计算的退出条件.

[x,fval,exitflag,output] = linprog(...) 返回包含优化信息的输出变量 output.

[x,fval,exitflag,output,lambda] = linprog(...) 将解 x 处的 Lagrange 乘子返回到 lambda 参数中.

exitflag 参数

　　描述退出条件：

　　• >0　表示目标函数收敛于解 x 处；

　　• =0　表示已经达到函数评价或迭代的最大次数；

　　• <0　表示目标函数不收敛.

output 参数

　　该参数包含下列优化信息：

　　• output . iterations　　　迭代次数；

　　• output . cgiterations　　PCG 迭代次数（只适用于大型规划问题）；

　　• output . algorithm　　　所采用的算法.

lambda 参数

该参数是解 x 处的 Lagrange 乘子. 它有以下一些属性：

- lambda. lower—lambda 的下界；
- lambda. upper—lambda 的上界；
- lambda. ineqlin—lambda 的线性不等式；
- lambda. eqlin—lambda 的线性等式.

例 【生产决策问题】

某厂生产甲乙两种产品，已知制成一吨产品甲需资源 A 3 吨，资源 B 4 m^3；制成一吨产品乙需资源 A 2 吨，资源 B 6 m^3，资源 C 7 个单位. 若一吨产品甲和乙的经济价值分别为 7 万元和 5 万元，三种资源的限制量分别为 90 吨、200 m^3 和 210 个单位，试决定应生产这两种产品各多少吨才能使创造的总经济价值最高？

解 令生产产品甲的数量为 x_1，生产产品甲的数量为 x_2. 由题意可以建立下面的数学模型：

$$\max \quad z = 7x_1 + 5x_2,$$

$$\text{s. t.} \begin{cases} 3x_1 + 2x_2 \leqslant 90, \\ 4x_1 + 6x_2 \leqslant 200, \\ 7x_2 \leqslant 210, \\ x_1 \geqslant 0, x_2 \geqslant 0. \end{cases}$$

该模型中要求目标函数最大化，需要按照 MATLAB 的要求进行转换，即目标函数为

$$\min z = -7x_1 - 5x_2.$$

在 MATLAB 中实现：

```
>> f = [-7; -5];
>> A = [3 2;4 6;0 7];
>> b = [90;200;210];
>> lb = [0;0];
>> [x,fval,exitflag,output,lambda] = linprog(f,A,b,[],[],lb)
Optimization terminated successfully.
x =
    14.0000
    24.0000
fval =
  -218.0000
exitflag =
     1
output =
     iterations: 5
    cgiterations: 0
       algorithm: 'lipsol'
lambda =
    ineqlin: [3x1 double]
      eqlin: [0x1 double]
      upper: [2x1 double]
      lower: [2x1 double]
```

由上可知，生产甲种产品 14 吨、乙种产品 24 吨可使创造的总经济价值最高为 218 万元.

exitflag $= 1$ 表示过程正常收敛于解 x 处.

应用与实践九　习题

1.建筑公司需要用 6 m 长的塑钢材料制作 A、B 两种型号的窗架.两种窗架所需材料规格及数量如表 9－17 所示：

表 9－17　窗架所需材料规格及数量

	型号 A		型号 B	
	长度（m）	数量（根）	长度（m）	数量（根）
每套窗架需要材料	A_1:1.7	2	B_1:2.7	2
	A_2:1.3	3	B_1:2.0	3
需要量（套）	200		150	

问怎样下料使得（1）用料最少；（2）余料最少.

2.某发展公司是商务房地产开发项目的投资商.公司有机会在三个建设项目中投资：高层办公楼、宾馆及购物中心,各项目不同年份所需资金和净现值见表 9－18.三个项目的投资方案是：投资公司现在预付项目所需资金的百分比数,那么以后三年每年必须按此比例追加项目所需资金,也获得同样比例的净现值.例如,公司按 10% 投资项目 1,现在必须支付 400 万元,今后三年分别投入 600 万元、900 万元和 100 万元,获得净现值 450 万元.公司目前和预计今后三年可用于三个项目的投资金额是：现有 2 500 万元,一年后 2 000 万元,两年后 2 000 万元,三年后 1 500 万元.当年没有用完的资金可以转入下一年继续使用.

该公司管理层希望设计一个组合投资方案,在每个项目中投资多少百分比,使其投资获得的净现值最大.

表 9－18

年份	10%项目所需资金（万元）		
	项目 1	项目 2	项目 3
0	400	800	900
1	600	800	500
2	900	800	200
3	100	700	600
净现值	450	700	500

小　结

一、主要内容

1. 线性规划问题的数学模型.

2. 数学模型化为标准型.

3. 线性规划的解.

4. 图解法.

5. 单纯形法.

6. 对偶问题间的关系.

7. 灵敏度分析.

二、应注意的问题

1. 关于建立若干实例的线性规划模型

(1)找出待定的未知变量(决策变量),并用代数符号表示它们.

(2)找出问题中所有的限制或约束,写出未知变量的线性方程或线性不等式.

(3)找到模型的目标或者判据,写成决策变量的线性函数,以便求其最大值或最小值.

2. 用图解法求解二变量的线性规划问题

(1)在平面上画出可行域(凸多边形).

(2)计算目标函数在各极点(多边形顶点)处的值.

(3)比较后取最值点为最优解.

3. 关于对偶理论

影子价格不是资源的实际价格,而是资源配置结构的反映,是在其他数据相对稳定的条件下某种资源增加一个单位导致的目标函数值的增量变化.

▶▶ 复习题九 ◀◀

1. 选择题.

(1)若 x、y 满足约束条件 $\begin{cases} x \leqslant 2 \\ y \leqslant 2 \\ x+y \geqslant 2 \end{cases}$,则 $z=x+2y$ 的取值范围是(   ).

　A.$[2,6]$　　　　B.$[2,5]$　　　　　C.$[3,6]$　　　　　D.$(3,5)$

(2)不等式组 $\begin{cases} 2x+y-6 \geqslant 0 \\ x+y-3 \leqslant 0 \\ y \leqslant 2 \end{cases}$ 表示的平面区域的面积为(   ).

　A.4　　　　　　B.1　　　　　　C.5　　　　　　D. 无穷大

2. 某木器厂生产圆桌和衣柜两种产品,现有两种木料,第一种有 72 m^3,第二种有 56 m^3,假设生产每种产品都需要用两种木料,生产一只圆桌和一个衣柜分别所需木料如下表所示.每生产一只圆桌可获利 6 元,生产一个衣柜可获利 10 元.木器厂在现有木料条件下,圆桌和衣柜各生产多少,才使获得利润最多?

表 9—19

产品	木料/m^3	
	第 一 种	第 二 种
圆　桌	0.18	0.08
衣　柜	0.09	0.28

3.某人承揽一项业务,需做文字标牌 2 个、绘画标牌 3 个.现有两种规格的原料,甲种规格每张 3 m²,可做文字标牌 1 个、绘画标牌 2 个,乙种规格每张 2 m²,可做文字标牌 2 个、绘画标牌 1 个,求两种规格的原料各用多少张,才能使总的用料面积最小.

丹齐克与单纯形法简介

George Bernard Dantzig(1914—2005) 美国数学家,美国全国科学院院士.线性规划的奠基人.丹齐克是美国运筹学会和国际运筹学会联合会（IFORS)的主席和美国数学规划学会的创始人.他发表过 100 多篇关于数学规划及其应用方面的论文.他 1963 年出版的专著《线性规划及其范围》至今仍是线性规划方面的标准参考书.

丹齐克 1914 年 11 月 8 日生于美国俄勒冈州波特兰市,在马里兰大学获数学和物理学学士学位,在密歇根大学获数学硕士学位,1946 年在伯克利加利福尼亚大学数学系获哲学博士学位,1974 年丹齐克在总结前人工作的基础上创立了线性规划,确定了这一学科的范围,并提出了解决线性规划问题的**单纯形法**.

丹齐克的另一项研究：

丹齐克研究认为,人和动物都具有某种原始数觉.如,在有些鸟类的巢中如果有四个卵,那么你可以放心地拿走一个,鸟不会觉察;但如果拿掉两个,这鸟通常就会逃走.乌鸦也有某种原始数觉,它能辨别"四"位以下的人数.

人类童年时期的数觉范围与某些鸟类一样,也是极为有限的,很少能达到"四".所以,在人类文明诞生后的一个相当长的时期里,"三"往往也就成了与原始数觉相应的极限数,并且,因其极限性数位关系历史地常被人们用以表示"多"的意义.许多语言几乎都带有这种早期局限性的痕迹,如英文的 thrice 和拉丁文的 ter,都同样具有双重意义:"三倍"和"许多".

丹齐克佚闻

丹齐克的父亲是大学数学教授,曾在法国师从著名的科学家亨利·普安卡雷.但是丹齐克直到上初中时,对数学仍不感兴趣,甚至在初中三年级时,代数成绩还不及格.对于这样的结果,丹齐克非常内疚,他感到愧对自己的数学家父亲,于是发奋努力,很快就发现其实数学并不难,逐渐地建立了自信.上高中时丹齐克对父亲的数学题库非常着迷,他解决了所有的题目.丹齐克曾经这样回忆自己的父亲:"在我还是个中学生时,他就让我做几千道几何题……解决这些问题的大脑训练是父亲给我的最好礼物.这些几何题,在发展我分析能力的过程中,起了最最重要的作用."

丹齐克在伯克利大学攻读统计学博士学位期间,"二战"爆发了.丹齐克作为文职人员参加了空军.1946 年,丹齐克返回伯克利并取得博士学位.丹齐克师从著名的统计学家 Jerzy Neyman(奈曼,1894—1981)教授.在他们之间,发生过一个非常具有传奇色彩的故事.据说一次上课丹齐克迟到了,仰头看去,黑板上留了几个题目,他就抄了一下,回家后埋头苦做.几个星期之后,疲惫地去找老师说,这件事情真的对不起,作业好像太难了,我所以现在才交,言下很是惭愧.几天之后,他的老师就把他叫了过去,兴奋地告诉他,说他太兴奋了.丹齐克很惊讶,后来才知道原来黑板上的题目根本就不是什么家庭作业,而是老师说的本领域的未解决的问题,他给出的那个解法也就是单纯形法.据说,这个方法是上个世纪前十位的算法!

后来谈到这件事时,丹齐克感慨道:如果自己预先知道这两道是统计学领域中一直悬而未决的难题,根本就不会有信心和勇气去思考,也不可能解决它们.丹齐克的故事告诉我们:一个人的潜能是难以预料的,成功的障碍往往来自心理上的畏难情绪,一定要相信自己,保持积极的态度.

单纯形法是求解线性规划问题的通用方法.它的理论根据是:线性规划问题的可行域是 n 维向量空间 $\boldsymbol{R}_n$ 中的多面凸集,其最优值如果存在必在该凸集的某顶点处达到.顶点所对应的可行解称为基本可行解.单纯形法的基本思想是:先找出一个基本可行解,对它进行鉴别,看是否是最优解;若不是,则按照一定法则转换到另一改进的基本可行解,再鉴别;若仍不是,则再转换,按此重复进行.因基本可行解的个数有限,故经有限次转换必能得出问题的最优解.如果问题无最优解也可用此法判别.单纯形法的一般解题步骤可归纳如下:①把线性规划问题的约束方程组表达成典范型方程组,找出基本可行解作为初始基本可行解.②若基本可行解不存在,即约束条件有矛盾,则问题无解.③若基本可行解存在,从初始基本可行解作为起点,根据最优性条件和可行性条件,引入非基变量取代某一基变量,找出目标函数值更优的另一基本可行解.④按步骤3进行迭代,直到对应检验数满足最优性条件(这时目标函数值不能再改善),即得到问题的最优解.⑤若迭代过程中发现问题的目标函数值无界,则终止迭代.

用单纯形法求解线性规划问题所需的迭代次数主要取决于约束条件的个数.现在一般的线性规划问题都是应用单纯形法标准软件在计算机上求解.对于具有 106 个决策变量和 104 个约束条件的线性规划问题已能在计算机上解得.

模块十　数学建模概述

【学习目标】

☆ 能够了解数学模型的基本构成和现实意义.

☆ 掌握常见的数学模型及构建方法.

☆ 准确、熟练地应用数学模型解决实际问题.

☆ 理解、掌握数学建模的一般步骤.

☆ 熟练地应用数学软件对数学模型进行计算、求解.

第一节　数学模型简介

一、数学模型产生的背景

自人类萌发了认识自然之念、幻想着改造自然之时，数学便一直成为人们手中的有力武器. 牛顿的万有引力定律、伽利略发明的望远镜让世界震惊，其关键的理论工具竟是数学. 然而，社会的发展使数学日益脱离自然的轨道，逐渐发展成高深莫测的"专项技巧". 数学被神化，同时，又被束之高阁.

近半个世纪以来，数学的形象有了很大的变化. 数学已不再单纯是数学家和少数物理学家、天文学家、力学家等人手中的神秘武器，它越来越深入地应用到各行各业之中，几乎在人类社会生活的每个角落展示着它的无穷威力. 这一点尤其表现在生物、政治、经济以及军事等数学应用的非传统领域. 数学不再仅仅作为一种工具和手段，而日益成为一种"技术"参与到实际问题中. 近年来，随着计算机的不断发展，数学的应用更得到突飞猛进的发展.

利用数学方法解决实际问题时，首先要进行的工作是建立数学模型，然后才能在此模型的基础上对实际问题进行理论求解、分析和研究. 需要指出的是，虽然数学在解决实际问题时会起到关键的作用，但数学模型的建立却要符合实际的情况. 如果建立的模型本身与实际问题相差甚远，那么，即使在理论分析中采用怎样巧妙的数学处理，所得到的结果也会与实际情况不符. 因此，建立一个较好的数学模型乃是解决实际问题的关键之一.

二、数学模型的概念

或许我们对客观实际中的模型并不陌生. 敌对双方在某地区作战时，都务必要有这个地区的主体作战地形模型；在采煤开矿或打井时，我们需要描绘本地区地质结构的地质图；出差或旅游到外地，总要买一张注明城市中各种地名及交通路线的交通图；编计算机程序，往往要先画框图. 我们看到，这些图都能简单又很明了地说明我们所需要的事物的特性，从而帮助我们顺利地解决各种实际问题.

模型在我们的生活中也是无处不在的.进入科技展厅,我们会看到水电站模型、人造卫星模型;游逛魔幻城,我们会面对各种几乎逼真的模拟物惊诧万分;为了留念,我们会同美丽的风景一起留在照片上;还有各种动物或飞机、汽车等儿童玩具,这些以不同方式被缩小了的客观事物都是我们生活中极平常的模型.

一般地说,模型是我们所研究的客观事物有关属性的模拟.它应当具有事物中我们关心和需要的主要特性.

当然,数学模型较以上实物模型或形象模型复杂和抽象得多.它是运用数学的语言和工具,对部分现实世界的信息(现象、数据等)加以翻译、归纳的产物.数学模型经过演绎、求解以及推断,给出数学上的分析、预报、决策或控制,再经过翻译和解释,回到现实世界中.最后,这些推论或结论必须经受实际的检验,完成实践——理论——实践这一循环(如图10—1所示).如果检验的结果是正确的,即可用来指导实际,否则,要重新考虑翻译、归纳的过程,修改数学模型.

图 10—1

作为一种数学思考方法,数学模型是对现实对象通过心智活动构造出的一种能抓住其重要而且有用的(常常是形象化的或者是符号的)表示.更具体地,它是指对于现实世界的某一特定对象,为了某个特定目的,做出一些必要的简化和假设,运用适当的数学工具得到的一个数学结构.它或者能解释特定现象的现实形态,或者能预测对象的未来状况,或者能提供处理对象的最优决策或控制.

三、一个简单的数学模型实例

一辆汽车在拐弯时急刹车,结果冲到路边的沟里(见图10—2).交通警察立即赶到了事故现场.司机申辩说,当他进入弯道时刹车失灵.他还一口咬定,进入弯道时其车速为40英里[①]/小时(该路的速度上限,约合17.92米/秒).警察验车时证实该车的制动器在事故发生时的确失灵,然而,司机所说的车速是否真实呢?

现在,让我们帮警察来计算一下司机所报车速的真实性.

连接刹车痕迹的初始点和终点,用 x 表示沿连线汽车横向走出的距离,用 y 表示竖直的距离(如图10—3所示).表10—1给出了外侧刹车痕迹的有关值.

―――――――――――

① 1英里=1.609 344 千米.

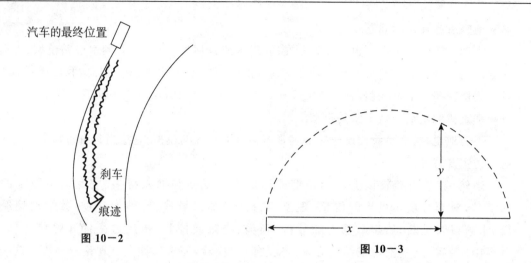

图 10—2

图 10—3

表 10—1   （单位：米）

x	0	3	6	9	12	15	16.64	18	21	24	27	30	33.27
y	0	1.19	2.15	2.82	3.28	3.53	3.55	3.54	3.31	2.89	2.22	1.29	0

  经过勘测还发现，该车并没有偏离它行驶的转弯曲线，也就是说车头一直指向切线方向.可以假设，该车的重心是沿一个半径为 r 的圆做圆周运动.假定摩擦力作用在汽车速度的法线方向上，设汽车的速度 v 是个常数.显然，摩擦力提供了向心力，设摩擦系数为 μ，则

$$\mu mg = m\frac{v^2}{r}, \tag{10—1}$$

其中 m 为汽车质量.由上式易得

$$v = \sqrt{\mu g r}.$$

如何计算圆周半径 r？假设已知弦的长度为 c，弓形的高度为 h（见图 10—4），由勾股定理知？

图 10—4

由表 10—1 代入近似的数据 $c=33.27$ 和 $h=3.55$ 得

$$r = 40.75（米）.$$

  根据实际路面与汽车轮胎的情况，可以测出摩擦系数 μ.实际测试得到

$$\mu g = 8.175（米／秒^2）.$$

将此结果代入（10—1）式，得到

$$v \approx 18.25（米／秒）.$$

  此结果比司机所报速度 17.92 米/秒略大.但是，我们不得不考虑计算半径 r 及测试时的误差.如果误差允许在 10% 以内，无疑，计算结果对汽车司机是有利的.

习题 10－1

1. 取一根很长的绳子,它的长度恰好能紧贴地球表面绕赤道一周.如果把绳子再接长 15 米,将其悬在空中绕赤道一周(如果可以做到的话),问:你是否可以从绳子的下方自由地穿行?

2. 在一个等边三角形的内部寻找一点,使得该点到三边的距离之和最小.如果是普通三角形,情况又会怎样?(提示:所求之点应为此等边三角形的中心.你会发现,连接三个顶点和中心得到的就是该三顶点间的最短连接方法,所求之点被称为该三顶点的 Steiner 点)

第二节　数学建模

一、什么是数学建模

数学建模是指对现实世界的一特定对象,为了某一特定目的,做出一些重要的简化和假设,运用适当的数学工具得到一个数学结构,用它来解释特定现象的现实形态,预测对象的未来状况,提供处理对象的优化决策和控制,设计满足某种需要的产品等.

最近几十年,随着各种科学技术尤其是计算机技术的发展,数学正以其神奇的魅力进入各种领域.它的功效显著,其解决问题的卓越能力甚至使它渗透到一些非物理领域,诸如交通、生态、社会学等.数学作为一种"技术",日益受到人们的重视.

在新的形势下,大学的数学教学也面临着改革.为了使毕业生尽快地适应工作岗位,能够较好地解决各种实际问题,数学课程的设置不能仅仅只为了教会学生们一些数学的定理和方法,更重要的是,要教会他们怎样运用手中的数学武器去解决实际中的问题,这便是数学建模这门课程的目的.作为一门新型的学科,数学建模正日益焕发出其独特的魅力.

二、数学建模的一般步骤

建立数学模型的过程大致可以分为以下几个步骤:

1. 前期准备工作

了解问题的实际背景,明确建模目的,收集掌握必要的数据资料.这一步骤可以看成是为建立数学模型而做的前期准备工作.

如果对实际问题没有较为深入的了解,就无从下手建模.而对实际问题的了解,有时还需要建模者对实际问题作一番深入细致的调查研究,就像第谷观察行星的运动那样,去搜集掌握第一手资料.

2. 提出若干符合客观实际的假设

在明确建模目的,掌握必要资料的基础上,通过对资料的分析计算,找出起主要作用的因素,经必要的精炼、简化,提出若干符合客观实际的假设.

本步骤实为建模的关键所在,因为其后的所有工作和结果都是建立在这些假设的基础之上的.也就是说,科学研究揭示的并非绝对真理.它揭示的只是:假如这些提出的假设是正确的,那么,我们可以推导出一些什么样的结果.

3. 建立数学模型

在所作假设的基础上,利用适当的数学工具去刻画各变量之间的关系,建立相应的数学结构,即建立数学模型.

采用什么数学结构、数学工具要看实际问题的特征,并无固定的模式.可以这样讲,几乎数学的所有分支在建模中都有可能被用到,而对同一个实际问题也可用不同的数学方法建立起不同的数学模型.一般地讲,在能够达到预期目的的前提下,所用的数学工具越简单越好.

4. 模型求解

为了得到结果,不言而喻,建模者还应当对模型进行求解.根据模型类型的不同特点,求解可能包括解方程、图解、逻辑推理、定理证明等不同的方面.在难以得出解析解时,还应当借助计算机来求出数值解.

5. 模型的分析与检验

正如前面所讲,用建立数学模型的方法来研究实际课题,得到的只是:假如给出的假设正确,就会有什么样的结果.那么,假设正确与否或者是否基本可靠呢？建模者还应当反过来用求解得到的结果来检验它.

建立数学模型的目的是为了认识世界、改造世界,建模的结果应当能解释已知现象,预测未来的结果,提供处理研究对象的最优决策或控制方案.

实践是检验真理的唯一标准,只有经得起实践检验的结果才能被人们广泛地接受.牛顿的万有引力定律不仅成功地解释了大量自然现象,并精确地预报了哈雷彗星的回归并预言了海王星、冥王星等当时尚未被发现的其他行星的存在,才奠定了其作为经典力学基本定理之一的稳固地位.

由此可见,模型求解并非建模的终结,模型的检验也应当是建模的重要步骤之一.

只有在证明了建模结果是经得起实践检验的以后,建模者才能认为大功基本告成,完成了自己预定的研究任务.

如果检验结果与事实不符,只要不是在求解中存在推导或计算上的错误,那就应当检查分析在假设中是否有不合理或不够精确之处,发现后应修改假设重新进行建模,直到结果满意为止.

综合起来讲,数学建模的过程大致可以概括为图 10－5 所示的流程.

图 10－5

三、数学模型的分类

基于不同角度或不同目的,数学模型可以有多种不同的分类法.

1. 根据人们对实际问题了解的深入程度不同分类

根据人们对实际问题了解的深入程度不同,其数学模型可以归结为**白箱模型**、**灰箱模型**或**黑箱模型**.

假如我们把建立数学模型研究实际问题比喻成一只箱子,通过输入数据(信息),建立数学模型来获取我们原先并不清楚的结果.(见图 10—6)

图 10—6

如果问题的机理比较清楚,内在的关系较为简单,这样的模型就被称为**白箱模型**.

如果问题的机理极为繁杂,人们对它的了解极其肤浅,几乎无法加以精确的定量分析,这样的模型就被称为**黑箱模型**.

而介于两者之间的模型,则被称为**灰箱模型**.

当然,这种分类方法是较为模糊的,是相对而言的.况且,随着科学技术的不断进步,今天的黑箱模型明天也许会成为灰箱模型,而今天的灰箱模型不久也可能成为白箱模型.因此,对这样的分类我们不必过于认真.

2. 根据模型中变量的特征分类

模型又可分为**连续型模型**、**离散型模型**或**确定性模型**、**随机型模型**等.

根据建模中所用到的数学方法分类,又可分为**初等模型**、**微分方程模型**、**差分方程模型**、**优化模型**,等等.

此外,对一些人们较为重视或对人类活动影响较大的实际问题的数学模型,常常也可以按研究课题的实际范畴来分类,例如**人口模型**、**生态模型**、**交通流模型**、**经济模型**、**社会模型**、**军事模型**,等等.

习题 10—2

1.某部门在植树节中想种 10 棵树,要求这 10 棵树排成 5 列,每列 4 棵,问应当如何种?

2.一个男孩和一个女孩分别在离家 2 公里和 1 公里且方向相反的两所学校里上学,每天同时放学后分别以 2 公里/小时和 1 公里/小时的速度步行回家.一只小狗以 6 公里/小时的速度由男孩处奔向女孩处,又从女孩处跑回男孩处,如此往返地奔跑,直至回到家中.问小狗总共奔波了多少路程?

3.若上题中的男孩和女孩上学时,小狗也往返奔波于他们之间,问当他们到达学校时小狗在何处?

第三节　数学建模与能力的培养

在高等院校开设数学建模课的主要目的并非简单地传授数学知识而是为了提高学生的综合素质,增强他们应用数学知识解决实际问题的本领.

因此,在学习数学建模时,学生应当特别注意自身能力的培养与锻炼.要想知道梨子的滋味是酸的还是甜的,你必须亲口去尝一下;要想知道如何建模,除了学习基本技能与基本技巧之外,更重要的是应当参与进来,在建模实践中获得真知.

一、数学建模实践的每一步中都蕴含着对能力的锻炼

在调查研究阶段,需要用到观察能力、分析能力和数据处理能力等.在提出假设时,又需要用到想象力和归纳简化能力.实际问题是十分复杂的,既存在着必然的因果关系也存在着某些偶然的因果关系,这就需要我们能从错综复杂的现象中找出主要因素,略去次要因素,确定变量的取舍并找出变量间的内在联系.

二、假设条件通常是围绕着两个目的提出的

一类假设的提出是为了简化问题、突出主要因素,而另一类则是为了应用某些数学知识或其他学科的知识.但不管哪一类假设,都必须尽可能符合实际,即既要求做到不失真或少失真又要能便于使用数学方法处理,两者还应尽可能兼顾.

三、研究应当是前人工作的继续

此外,我们的研究应当是前人工作的继续,在真正开始自己的研究之前,还应当尽可能先了解一下前人或别人的工作,使自己的工作真正成为别人研究工作的继续而不是别人工作的重复.这就需要你具有很强的查阅文献资料的能力.你可以把某些已知的研究结果用作你的假设,即"站在前人的肩膀上",去探索新的奥秘.

牛顿导出万有引力定律所用的假设主要有四条,即开普勒的三大定律和牛顿第二定律,他所做的工作表明,如果这些假设是对的,如果推导过程也是正确的,那么万有引力定律也是对的.事实上,我们也可以由万有引力定律反过来推导出开普勒的三大假设.因而,万有引力被验证是正确的,也同样引证了开普三大定律和牛顿第二定律的正确性.总之,在提出假设时,你应当尽量引用已有的知识,以避免做重复性的工作.

四、建模求解阶段是考验你数学功底和应变能力的阶段

你的数学基础越好,应用就越自如.但学无止境,任何人都不是全才,想学好了再做,其结果必然是什么也不做.因此,我们还应当学会在尽可能短的时间内查到并学会我想要应用的知识的本领.

在参加数学建模竞赛时,常常遇到这样的情况,参赛的理工科学生感到模拟实际问题的特征似乎需要建立一个偏微分方程或控制论模型等,他们并没有学过这些课程,竞赛时间又仅有三、四天(允许查资料和使用一切工具).为了获得较好的结果,他们只用了两三个小时就基本搞懂了他们所要使用的相关知识并用进了他们的研究工作中,并最终夺得了优异成绩.这些同学在建模实践中学会了快速汲取想用的数学知识的本领(即"现学现用"的本领),这种能力在实际工作中也是不可缺少的.

五、应变能力包括灵活性和创造性

牛顿在推导万有引力定律时发现原有的数学工具根本无法用来研究变化的运动,为了研究工作的需要,他花了九年的时间创建了微积分.当然,人的能力各有大小,不可能每个人都成为牛顿,不可能要求人人都去做如此重大的创举.但既然你在从事研究工作,多多少少总会遇到一些别人没有做过的事,碰到别人没有碰到过的困难,因而,也需要你多多少少要有点创新的能力.

这种能力不是生来就有的,建模实践就为你提供了一个培养创新能力的机会.俗话说得好:初生牛犊不怕虎.青年学生最敢于闯,只要你们善于学习、勇于实践,创新能力会很快得到的提高.

当然,要出色地完成建模任务还需要用到许多其他的能力,譬如设计算法、编写程序、熟练使用计算机的能力,撰写研究报告或研究论文的能力,熟练应用外语的能力,等等.所以,学习数学建模和参加建模实践,实际上是一个对综合能力、综合素质的培养和提高的过程.

参赛获奖并不是我们的目的,提高自己的素质和能力才是我们宗旨.从这一意义上讲,只要你真正努力了,你就必定是一个成功的参与者."昨夜西风凋碧树,独上高楼,望尽天涯路;衣带渐宽终不悔,为伊消得人憔悴;众里寻他千百度,蓦然回首,那人却在灯火阑珊处."这也正是数学建模的真实写照.

下面,让我们举一些简单的实例来说明数学建模中涉及的某些能力的培养和提高.读者在看每一实例的解答以前,应当先自行给出解答,看看你的解答是否更好.如果你觉得你的解答比书中的解答更好,想一想好在何处.

1. 想象力的应用

想象力是我们人类特有的一种思维能力,是人们在原有知识的基础上,将新感知的形象与记忆中的形象相互比较、重新组合、加工处理,创造出新形象的能力.爱因斯坦曾说过,"想象力比知识更重要,因为知识是有限的,而想象力概括着世界上的一切,推动着进步,并且是知识进化的源泉."

例 1　某人平时下班总在固定时间到达某处,然后由他的妻子开车接他回家.有一天,他比平时提早了三十分钟到达该处,于是此人就沿着妻子来接他的方向步行回去并在途中遇到了妻子.这一天,他比平时提前了十分钟回到家,问此人总共步行了多长时间?

解　这是一个测试想象能力的简单题目,根本不必作太多的计算.

粗粗一看,似乎会感到条件不够,无法回答.但你只要换一种想法,问题就会迎刃而解了.假如他的妻子遇到他以后载着他仍旧开往会合地点,那么这一天他就不会提前回家了.提前的十分钟时间从何而来? 显然是由于节省了从相遇点到会合点,又从会合点返回相遇点这一段路的缘故.往返需要 10 分钟,则由相遇点到会合点需要 5 分钟.而此人提前了三十分钟到达会合点，故相遇时他已步行了二十五分钟.

当然，在解答中也隐含了许多假设：此人的妻子像平时一样，准备按时到达会合地点；汽车在路上行驶时作匀速运动；相遇时开门上车时间很短，可以忽略不计等.

例 2 学校组织乒乓球比赛，共有 100 名学生报名参加，比赛规则为淘汰制，最后产生出一名冠军. 问：要最终能产生冠军，总共需要举行多少场比赛？

解 第一轮要进行 50 场比赛，剩下 50 位同学；

第二轮要进行 25 场比赛，剩下 25 位同学；

第三轮要进行 12 场比赛，1 位同学轮空，剩下 13 名同学；

第四轮要进行 6 场比赛，1 位同学轮空，剩下 7 位同学；

第五轮要进行 3 场比赛，1 位同学轮空，剩下 4 位同学；

第六轮要进行 2 场比赛，剩下 2 位同学；

第七轮要进行 1 场决赛，产生一位冠军.

共举行的比赛场数为 $50+25+12+6+3+2+1=99$ 场.

这是常规的计算方法，事实上，我们也可以换一种方法来思考这一问题. 由于淘汰赛的特殊性，进行一场淘汰赛必然淘汰一人，反过来，淘汰一人也必须举行一场淘汰赛，这就是我们数学中的一一对应关系. 现在我们要从 100 位同学中产生一位冠军，众所周知，要淘汰 99 位同学才能产生最后的冠军，因此比赛总场次应为 99.

例 3 将形状质量都相同的均匀砖块一一向右往外叠放，欲尽可能地延伸到远方，问最远可以延伸多大距离.

解 设砖块的长度为 l，重量为 mg，其重心在中点 $\frac{1}{2}$ 砖长处，现用归纳法推导.

若用两块砖，则最远的方法显然是将上面砖块的重心置于下面砖块的右边缘上，即可向右推出 $\frac{1}{2}$ 块砖的长度.

现设已用 $n+1$ 块砖叠成可能达到的最远平衡状态（如图 10—7 所示），并考察由上而下的第 n 块砖，为了推得最远且不倒下，压在其上的 $n-1$ 块砖的重心显然应当位于它的右边缘处，而上面 n 块砖的重心则应当位于第 $n+1$ 块砖的右边缘处. 设两者水平距离为 Z_n. 由力学知识可知，以第 $n+1$ 块砖的最右端作为支点，第 n 块砖受到的两个力（上面 $n-1$ 块砖的压力和第 n 块砖自身重力）的力矩应当相等，即有：$(n-1)mgZ_n = mg\left(\frac{l}{2} - Z_n\right)$，故 $Z_n = \frac{l}{2n}$，从而上面 n

图 10—7

块砖向右推出的总距离为 $l = \sum_{k=1}^{n} \frac{1}{2k}$. 令 n 趋于无穷,从理论上讲,向右推出的距离可趋于

$\sum_{n=1}^{\infty} \frac{1}{2n} = \frac{1}{2} \sum_{n=1}^{\infty} \frac{1}{n}$. 这里涉及调和级数.众所周知,调和级数是发散的, $\sum_{n=1}^{\infty} \frac{1}{n} = +\infty$, 故砖块向

右可叠至任意远.这一结果多少有点出人意料!

2. 发散性思维、创新能力的培养

数学建模中经常需要用到创新思维或发散性思维.这里的发散性思维是相对于"一条道跑到黑"的收敛性思维方式而言的,并非是贬义词.所谓发散性思维,是指针对同一个问题,沿着不同的方向去思考,不同角度、不同侧面地对所给信息或条件加以重新组合,横向拓展思路,纵向深入探索研究,逆向反复比较,从而找出多种合乎条件的可能答案、结论或假说的思维过程和方法,这就是我们通常所说的"条条大路通罗马".

例 4　三角形内角和为 $180°$ 的"证明".

大家都知道三角形的三内角之和为 $180°$. 现在,我们将用一支普普通通的铅笔来"证明"这个几何定理.

如图 $10-8$ 所示,取一支铅笔,将其放置在三角形 ABC 内靠近边 AC 的一侧,笔身方向与 AC 相同,笔尖指向 A 点一侧,现将此铅笔笔尖向前,沿三角形的边在三角形内环行一周,返回原地.证明完毕.

图 10-8

好像什么也没有证明呀.让我们来分析一下.

铅笔沿三角形内侧环行,走到 A 点时,以笔尖为圆心,将铅笔顺时针旋转致使笔身平行于边 AB 的方向,则转过的角度等于 $\angle A$;继续前行至 B 点,以笔的尾端为圆心,将铅笔顺时针旋转至笔身平行于边 BC 的方向,则转过的角度等于 $\angle B$;继续前行,到 C 点按同样规则转弯,转过的角度等于 $\angle C$.三次转弯下来,笔尖由指向 A 点一侧变为指向 C 点一侧,一共旋转了 $180°$.这说明 $\angle A + \angle B + \angle C = 180°$,完成了证明.

现在我们改变环行规则,将铅笔放在三角形 ABC 外侧,沿外侧环行,铅笔后端(前进方向的反方向)将要远离三角形时停下来,以后端为圆心,将铅笔逆时针旋转至平行于相邻边的方向,继续环行,直至回到初始位置(如图 $10-9$ 所示).

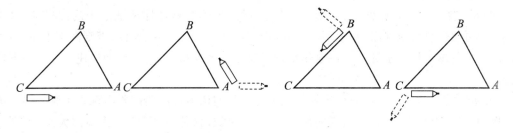

图 10-9

我们又"证明"了另一个几何定理：三角形的三外角之和等于 $360°$. 为什么？请同学们考虑.（当然，这些并非真正严格的数学证明，故我们给证明加上了引号）

例5 勾股定理的证明.

大家熟知的勾股定理应用极广，从古至今，已知的数学证明方法超过 370 种. 现在我们介绍一种比较有趣的证法——纸箱推倒法（注：同样并非严格的数学证明）.

如图 10−10 所示，一只纸箱 ABCD 竖放在地上，用手一推，纸箱被推倒了，到了 AEFG 的位置，勾股定理已经被证明！

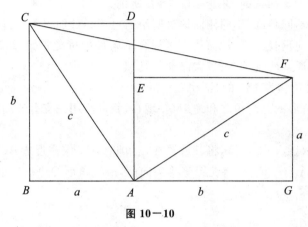

图 10−10

你不相信吗？请连接 AC、AF、CF，设 $AB=a$，$BC=b$，$AC=c$，推倒了纸箱，对角线 AC 旋转 $90°$ 到达 AF 位置，故

$$AC = AF \text{ 且 } AC \perp AF.$$

现计算直角梯形 BCFG 的面积，梯形面积公式为上、下底之和的一半乘以高，即

$$S = \frac{1}{2}(a+b)(a+b) = \frac{1}{2}a^2 + ab + \frac{1}{2}b^2.$$

直角梯形的面积也可以这样来计算，将梯形 BCFG 拆成三个直角三角形 $\triangle ABC$、$\triangle ACF$、$\triangle AFG$. 由于全面积等于各部分面积之和. 故

$$S = S_{\triangle ABC} + S_{\triangle ACF} + S_{\triangle AFG} = \frac{1}{2}ab + \frac{1}{2}c^2 + \frac{1}{2}ab.$$

两式相比较，马上可得勾股定理 $a^2+b^2=c^2$.

上述证明非常直观，但我们想强调的是证明时一定要注意逻辑推理中的严密性，否则，如仅凭直观想象，也很容易导出荒谬的结果.

3. 提出建模假设的技巧

例6 餐馆每天都要洗大量的盘子. 为了方便，某餐馆是这样清洗盘子的：先用冷水粗粗洗一下，再放进热水池洗涤. 水温不能太高，否则会烫手，但也不能太低，否则洗不干净. 由于想节省开支，餐馆老板想了解一下一池热水到底应当洗多少盘子，请你帮助他建模分析一下这一问题.

分析 看完问题你已经完全了解情况了吗？我们认为可能还需要再调查了解一些具体情况. 例如，盘子有大小吗，是什么样的盘子？盘子是怎样洗涤的等等. 因为不同大小、不同材料的盘子吸热量是不同的，不同洗涤方法盆子吸的热量也不相同. 假设我们了解到：盘子大小相同，均为瓷质菜盘. 为了清洗得干净一点，洗涤时先将一叠盘子浸泡在热水中，然后一一清洗.

你还应当再分析一下,是什么因素在决定着洗盘子的数量呢?根据题意不难看出,是水的温度.盘子是先用冷水洗过的,其后可能还会再用清水冲洗,更换热水的原因并非因为水太脏了,而是因为水不够热了.那么热水为什么会变冷呢?也许你能找出许多原因:盘子吸热带走了热量,水池吸热,空气吸热并传播散发热量,等等.此时,你的心中可能已经在盘算该建一个怎么样的模型了.假如你想建一个比较精细的模型,你当然应当把水池、空气等吸热的因素都考虑进去,这样,你毫无疑问地要用到偏微分方程了.这样做的话无论是建模还是求解,都会有一定的难度.但餐馆老板的原意只是想了解一下一池热水平均大约可以洗多少盘子,你这样做是不是有点自找苦吃,有"杀鸡用牛刀"之嫌呢?如此看来,你不如建一个稍粗略点的模型,作一个较为粗糙的分析.由于在吸热的诸因素中盘子吸热是最主要的(热水一池一池地换,池子和空气可以近似地看成处于热平衡状态之中).此外,题目还告诉我们,该餐馆在洗盘子时盘子还在热水中浸泡过一段时间.于是,你不妨提出以下一些简化假设:

(1)水池和空气的吸热不计,只考虑盘子吸热,盘子的大小、材料相同;

(2)盘子的初始温度与气温相同,洗完后的温度与水温相同;

(3)水池中的水量为常数,开始时水温为 T_1,最终换水时水温为 T_2;

(4)每个盘子的洗涤时间 ΔT 是一个常数.(这一假设甚至可以去掉不要)

根据上述简化假设,利用热量守恒定律,餐馆老板的问题就变得很容易回答了,当然,你还应当调查一下一池水的质量是多少,查一下瓷盘的吸热系数和质量等.

从以上分析可以看出,假设条件的提出不仅和你研究的客观实体有关,还和你准备利用哪些知识、准备建立什么样的模型以及你准备研究的深入程度有关,即在你提出假设后,建模的框架已经基本搭好了.

4. 严密的逻辑推理

古希腊学者亚里士多德所创立的逻辑推理体系,已经成为人类揭开客观世界的本质及规律的极其重要的思维活动形式.它几乎渗透到人类获取所有新理论和新知识的每一个过程中.近代科学家伽利略正是用这套逻辑推理方法,推翻了亚里士多德提出的关于"物体落下的速度与重量成比例"的错误推断.伽利略巧妙地提出:如果把一个重物与一个轻物绑在一起,结果将怎样呢?根据亚里士多德的"逻辑","重物下落快,轻物下落慢",那么轻重两物绑在一起后,原先下落快的要被拖着变得慢一些,而下落慢的将被拉着变得快一些.这样,轻重两物绑在一起后,其下落速度应当比原先单个重物下落得慢而比原先单个轻物下落得快.但是,另一方面,按亚里士多德的重物下落快的"逻辑",那么将轻物与重物绑在一起,捆绑物应比原先单个重物还要重,下落速度应该更快才对.这样,亚里士多德原来的论断就自相矛盾、漏洞百出了.

科学家尚会由于种种原因出现一些差错,对于普通人,出现这样那样的错误更是不可避免的了.下面就是一个因推导过程不严密而得出荒谬结论的例子.

例7 任意三角形都是等腰三角形.

如图 10-11 所示,设 $\triangle ABC$ 为任意三角形.我们现在要证明,AB 的长度一定等于 AC 的长度.

证明:作 $\angle A$ 的平分线和线段 BC 的垂直平分线,两直线相交,交点记为 D.连接 BD、CD.作 $DE \perp AB$,$DF \perp AC$,垂足分别为 E 和 F.

图 10-11

因为 D 点在 $\angle A$ 的平分线上，所以 D 到 AB、AC 两边的距离相等，即 $DE=DF$. 又 D 在 BC 的垂直平分线上，故 $DB=DC$. 又 $\angle BED=\angle DFC$，故 $\triangle DBE \cong \triangle DCF$. 因此有 $BE=FC$. 此外由于 $\triangle DAE \cong \triangle DFA$，故 $AE=AF$. 两式相加，有 $AE+BE=AF+FC$，故 $AB=AC$. 即任意三角形的两边相等. 证毕.

这个结果很明显是错误的. 论证过程肯定有问题！让我们来检查一下上述推理过程. 可以看出 $BE=FC$ 毫无疑问是正确的，$AE=AF$ 也肯定不错. 两个正确的等式相加，所得结果 $AB=AC$ 也应该是对的. 但 $AB=AC$ 显然错误，为何错呢？什么地方错了呢？

其实，从一开始我们就犯了一个错误，我们想当然地认为 E 在 A、B 之间，F 点在 A、C 之间，而事实上 E、F 均可以落在线段 AB、AC 之外，如图 10－12 所示. 如果这样，你就推不出刚才的结果了. 本例说明，正确的逻辑推理过程，只有从正确的前提出发，才能得到正确的结论. 在数学建模中，正确的前提就是正确的模型假设. 很多人经常忽视建模中的模型假设，认为其无足轻重，总是根据自己的感觉或经验想当然地，有时甚至是很轻率地提出假设. 事实上，一旦假设中包含了错误，其后的一切努力都是徒劳. 模型假设与建模中的其他过程同等重要甚至更为重要. 只有在正确的模型假设下建立的模型，才会与实际生活相符，才可能有实际应用价值.

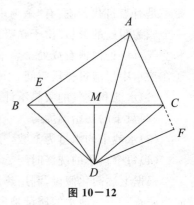

图 10－12

习题 10－3

1. 请找出下述证明"直角等于钝角"中的错误之处. 如图 10－13 所示，平面四边形 $ABCD$ 中，$\angle A$ 为直角，$\angle B$ 为钝角，$AC=BD$. 现分别作 AB 和 CD 的垂直平分线 ME、NE，由于 AB 与 CD 不平行，两垂直平分线必相交，设交点为 E. 连接 AE、BE、CE 和 DE，根据垂直平分线的性质，$AE=BE$，$CE=DE$. 再由条件 $AC=BD$，我们得到：$\triangle EAC \cong \triangle EBD$. 由此得 $\angle EAC=\angle EBD$. 另一方面，在 $\triangle EAB$ 中，由 $AE=BE$ 得 $\angle EAB=\angle EBA$. 将两个关于角的式子相减，最后得到 $\angle BAC=\angle ABD$，即直角等于钝角.

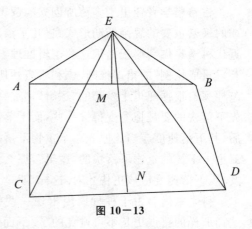

图 10－13

第四节　初等模型实例

初等模型是指用较简单初等的数学方法建立起来的数学模型. 对于数学建模，判断一个模型的优劣完全在于模型的正确性和应用效果，而不在于采用多少高深的数学知识. 在同样的应用效果下，用初等方法建立的数学模型可能更优于用高等方法建立的数学模型. 本节利用初等数学的方法，通过几个实例给出数学建模的基本过程.

一、椅子能在不平的地面上放稳吗？

把椅子往不平的地面上一放,通常只有三只脚着地,放不稳,然而只要稍挪动几次,就可以四脚着地,放稳了.下面证明之.

（1）模型假设

对椅子和地面都要作一些必要的假设：

a.椅子四条腿一样长,椅脚与地面接触可视为一个点,四脚的连线呈正方形,如图 $10-14$ 所示.

b.地面高度是连续变化的,沿任何方向都不会出现间断（没有像台阶那样的情况）,即地面可视为数学上的连续曲面.

c.对于椅脚的间距和椅脚的长度而言,地面是相对平坦的,使椅子在任何位置至少有三只脚同时着地.

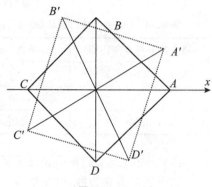

（2）模型建立

首先用变量表示椅子的位置,由于椅脚的连线呈正方形,以中心为对称点,正方形绕中心的旋转正好代表

图 10－14

了椅子的位置的改变,于是可以用旋转角度 θ 这一变量来表示椅子的位置.

其次要把椅脚着地用数学符号表示出来.如果用某个变量表示椅脚与地面的竖直距离,当这个距离为 0 时,表示椅脚着地了.椅子要挪动位置说明这个距离是位置变量的函数.

由于正方形的中心对称性,只要设两个距离函数就行了,记 A、C 两脚与地面距离之和为 $f(\theta)$,B、D 两脚与地面距离之和为 $g(\theta)$,显然 $f(\theta)$、$g(\theta) \geqslant 0$,由假设 b 知 f、g 都是连续函数,再由假设 c 知 $f(\theta)$、$g(\theta)$ 至少有一个为 0.当 $\theta=0$ 时,不妨设 $g(\theta)=0$,$f(\theta)>0$,这样改变椅子的位置使四只脚同时着地,就归结为如下命题：

命题 1　已知 $f(\theta)$、$g(\theta)$ 是的连续函数,对任意 θ,$f(\theta) * g(\theta)=0$,且 $g(0)=0$,$f(0)>0$,则存在 θ_0,使 $f(\theta_0)=g(\theta_0)=0$.

（3）模型求解

将椅子旋转 $90°$,对角线 AC 和 BD 互换,由 $g(0)=0$,$f(0)>0$ 可知 $g(\pi/2)>0$,$f(\pi/2)=0$.令 $h(\theta)=g(\theta)-f(\theta)$,则 $h(0)>0$,$h(\pi/2)<0$.由 f、g 的连续性知 h 也是连续函数.由零点定理,必存在 θ_0（$0<\theta_0<\pi/2$）使 $h(\theta_0)=0$,$f(\theta_0)=g(\theta_0)$.由 $f(\theta) * g(\theta)=0$,所以 $f(\theta_0)=g(\theta_0)=0$.

（4）评注

模型巧妙在于用变量 θ 表示椅子的位置,用 θ 的两个函数表示椅子四脚与地面的距离.利用正方形的中心对称性及旋转 $90°$ 并不是必需的,同学们可以考虑四脚呈长方形的情形.

二、穿高跟鞋真使人觉得更美些吗？

美是一种感觉,本应没有什么标准.但是在自然界里,物体形状的比例却提供了在均称与协调上一种美感的参考.在数学上,这个比例称之为黄金分割.在线段 AB 上,若要找出黄金分割的位置,可以设分割点为 G,则点 G 的位置符合以下特性：$AB:AG=AG:GB$.

设 $AB=l$,$AG=x$,则 $l:x=x:(l-x)$,即 $x^2+1 \cdot x-1^2=0$ 解后舍去负值,得 $x \approx 0.618\,l$.

由此求得黄金分割点的位置为线长的 0.618. 在人体的躯干与身高的比例上,肚脐是理想的黄金分割点.换言之,若此比值越接近 0.618,越给予别人一种美的感觉.很可惜,一般人的躯干(由脚底至肚脐的长度)与身高比都低于此数值,大约只有 0.58 至 0.60(脚长的人会有较高的比值).

为了方便说明穿高跟鞋所产生的美的效应,假设某女的原本躯干与身高比为 0.60,即 x:$l=0.60$,若其所穿的高跟鞋的高度为 d(量度单位与 x、l 相同),则新的比值为:

$$(x+d):(l+d) = (0.60l+d):(l+d).$$

如果该位女士身高为 1.60 米,则下表显示出高跟鞋怎样改善了脚长与身高的比值:

原本躯干与身高比值	身高/cm	高跟鞋高度/cm	穿了高跟鞋后的新比值
0.60	160	2.54	0.606
0.60	160	5.08	0.612
0.60	160	7.62	0.618

由此可见,女士们相信穿高跟鞋使她们觉得更美是有数学根据的.不过,正在发育成长中的女孩子还是不穿为妙,以免妨碍了身高的正常增长.何况,穿高跟鞋是要付出承受身体重量使脚部不适的代价的.若真的需要提高脚长与身高比值,不穿高跟鞋也可跳芭蕾舞吧?

习题 10—4

1. 某公司有 50 套公寓出租,当租金定为每月 180 元时会全部租出;当租金每月增加 10 元时,就有一套公寓租不出去,而租出去的房子每月需花费 20 元整修维护费.

(1)建立总收入与租金之间的数学模型.

(2)当租金为多少时可获得最大利润?

2. 某不动产商以 5% 的年利率借得贷款,然后又将此款贷给顾客,并假设他能贷出的款额与贷出的利率的平方成反比(若利率太高无人借贷).

(1)建立年利率与利润间的数学模型.

(2)当以多大的年利率贷出时,能获得最大利润?

※ 第五节 应用与实践十

数学建模是通过对实际问题的抽象和简化,引入一些数学符号、变量和参数,用数学语言和方法建立变量参数间的内在关系,得出一个可以近似刻画实际问题的数学模型,进而对其进行求解、模拟、分析检验的过程.它大致分为模型准备、模型假设、模型构成、模型求解、模型分析、模型检验及应用等步骤.这一过程往往需要对大量的数据进行分析、处理、加工,建立和求解复杂的数学模型,这些都是手工计算难以完成的,因此往往在计算机上进行实现.在目前用于数学建模的软件中,MATLAB 强大的数值计算、绘图以及多样化的工具箱功能,能够快捷、高效地解决数学建模所涉及的众多领域的问题,倍受数学建模者的青睐.

下面通过完成《人口增长模型及其数量预测》《购房贷款模型》实验,学习和实践由简单到复杂、逐步求精的建模思想,学习如何建立数学模型,如何调整初值,变换函数和数据使优化迭代过程收敛.

人口增长模型及其数量预测

一、实验内容

从 1790—1980 年间美国每隔 10 年的人口记录如表 10-2 所示.

表 10-2

年　份	1790	1800	1810	1820	1830	1840	1850
人口（$\times10^6$）	3.9	5.3	7.2	9.6	12.9	17.1	23.2
年　份	1860	1870	1880	1890	1900	1910	1920
人口（$\times10^6$）	31.4	38.6	50.2	62.9	76.0	92.0	106.5
年　份	1930	1940	1950	1960	1970	1980	
人口（$\times10^6$）	123.2	131.7	150.7	179.3	204.0	226.5	

用以上数据检验马尔萨斯（Malthus）人口指数增长模型，根据检验结果进一步讨论马尔萨斯人口模型的改进，并利用至少两种模型来预测美国 2010 年的人口数量.

二、问题分析

1. Malthus 模型的基本假设是：人口的增长率为常数，记为 r. 记时刻 t 的人口为 $x(t)$，（即 $x(t)$ 为模型的状态变量）且初始时刻的人口为 x_0，于是得到如下微分方程：

$$\begin{cases} \dfrac{\mathrm{d}x}{\mathrm{d}t} = rx, \\ x(0) = x_0. \end{cases}$$

2. 阻滞增长模型（或 Logistic 模型）：由于资源、环境等因素对人口增长的阻滞作用，人口增长到一定数量后，增长率会下降. 假设人口的增长率为 x 的减函数，如设 $r(x)=r(1-x/x_m)$，其中 r 为固有增长率（x 很小时），x_m 为人口容量（资源、环境能容纳的最大数量），于是得到如下微分方程，

$$\begin{cases} \dfrac{\mathrm{d}x}{\mathrm{d}t} = rx\left(1 - \dfrac{x}{x_m}\right), \\ x(0) = x_0. \end{cases}$$

三、数学模型的建立与求解

根据 Malthus 模型的基本假设和 Logistic 模型，我们可以分别求得微分方程的解析解：

y1 = x0 * exp(r * x);

y2 = xm/(1 + x0 * exp(- r * x))

对于 1790—1980 年间美国每隔 10 年的人口记录，分别用 MATLAB 工具箱中非线性拟合函数的命令作一般的最小二乘曲线拟合. 可利用已有程序 lsqcurvefit 进行拟合，检验结果进一步讨论模型的改进，预测美国 2010 年的人口数量.

四、实验结果及分析

对于 Malthus 模型作一般的最小二乘曲线拟合，可利用已有程序 lsqcurvefit 得到拟合函

数为 $y = (3.54e-011) * \exp(0.0149 * x)$，当 $x = 2010$ 时，预测的人口为 359.4916

由于资源、环境等因素对人口增长的阻滞作用，人口增长到一定数量后，增长率会下降. 运用 Logistic 模型对微分方程的解进行拟合，得到 $y2 = 360.4/(1+53.11 * \exp(-0.02342 * (x - 1790)))$. 到 2010 年时，预计人口数量为 $y2 = 275.6894$. 作图可以看出两条曲线拟合程度较高相比基本模型，改进模型更接近实际.

五、附录（程序等）

Malthus 模型

1. 编写拟合函数的文件 fitful2.m

```
function y = fitful2(a,x)
y = a(1). * exp(a(2). * x);
```

2. 运行的脚本文件

```
clc,clear
a0 = [50,0.02];
xdata = [1790:10:1980];
ydata = [3.9 5.3 7.2 9.6 12.9 17.1 23.2 31.4 38.6 50.2 62.9 76.0 92.0 106.5 123.2 131.7 150.7
179.3 204.0 226.5];
[a,resnorm,residual,flag,output] = lsqcurvefit('fitful2',a0,xdata,ydata)
xi = [1790:10:1980];
yi = fitful2(a,xdata)
plot(xdata,ydata,'r-o',xi,yi,'b-+')
xlabel('x'),ylabel('y = f(x)');Logistic 模型
```

程序：

```
x = [1790:10:1980]';
y = [3.9 5.3 7.2 9.6 12.9 17.1 23.2 31.4 38.6 50.2 62.9 76.0 92.0 106.5 123.2 131.7 150.7 179.3
204.0 226.5]';
st__ = [500 30 0.2];
ft__ = fittype('a/(1 + b * exp( - k * (x - 1790)))',...
    'dependent',{'y'},'independent',{'x'},..
    'coefficients',{'a', 'b', 'k'});
cf__ = fit(x,y,ft__,'Startpoint',st__)
plot(cf__,'fit',0.95);hold on,plot(x,y,'*')
```

购房贷款模型

一、实验内容

随着人民生活水平的提高，人们普遍希望改善住房条件. 但由于房价比起收入来差距太大等诸多原因，多数人选择向银行申请个人住房贷款. 银行贷款的还贷方式有以下两种：

(1)等本不等息递减还款法，即每月还银行本金相同，利息逐月减少；

(2)等额本息还款法，即每月以相等的额度平均偿还贷款本息.

请你分析这两种还贷的利弊.

二、问题分析

一般工薪阶层的银行购房贷款方式有公积金贷款(有一定的额度要求)、住房商业贷款及组合贷款(公积金贷款＋住房商业贷款)等.

为了简单起见我们这里只考虑商业贷款.

【提问】住房商业贷款利率是多少？

我们可以上网查找资料，贷款年限不同，利率也不一样，一般我们考虑贷款五年以上，其贷款年利率为 6.55%.

1. 模型假设

(1)假设我们选择住房商业贷款.

(2)在贷款期间银行利率保持不变.

（3）假设还贷方式选择等本不等息递减还款法与等额本息还款法.

2. 符号说明

（1）设贷款的本金为 a_0 元.

（2）贷款年利率为 r.

（3）借贷年数为 n 年.

（4）第 i 个月应还利息为 w_i 元.

（5）应还总利息为 w 元.

三、数学模型的建立与求解

1. 按等本不等息递减还款法.

每月应还本金为：$\dfrac{a_0}{12n}$ 元，

第一个月应还利息为：$w_1 = a_0 \cdot \dfrac{r}{12} = \dfrac{a_0 r}{12}$，

第二个月应还利息为：$w_2 = \left(a_0 - \dfrac{a_0}{12n}\right) \cdot \dfrac{r}{12} = a_0\left(1 - \dfrac{1}{12n}\right)\dfrac{r}{12}$，

第三个月应还利息为：$w_3 = \left(a_0 - \dfrac{2a_0}{12n}\right) \cdot \dfrac{r}{12} = a_0\left(1 - \dfrac{2}{12n}\right)\dfrac{r}{12}$，

依此类推，第 k 个月应还利息为：

$$w_k = \left(a_0 - \dfrac{(k-1)a_0}{12n}\right) \cdot \dfrac{r}{12} = a_0\left(1 - \dfrac{k-1}{12n}\right)\dfrac{r}{12}, \quad (k = 1, 2, 3 \cdots, 12n);$$

于是，第一个月应还款额为：$\dfrac{a_0}{12n} + \dfrac{a_0 r}{12}$，

第二个月应还款额为：$\dfrac{a_0}{12n} + a_0\left(1 - \dfrac{1}{12n}\right)\dfrac{r}{12}$，

第三个月应还款额为：$\dfrac{a_0}{12n} + a_0\left(1 - \dfrac{2}{12n}\right)\dfrac{r}{12}$，

依此类推，第 k 个月应还款额为：

$$\dfrac{a_0}{12n} + a_0\left(1 - \dfrac{k-1}{12n}\right)\dfrac{r}{12}, \quad (k = 1, 2, 3 \cdots, 12n)$$

还款总利息为：

$$w = \dfrac{a_0 r}{12} + a_0\left(1 - \dfrac{1}{12n}\right)\dfrac{r}{12} + a_0\left(1 - \dfrac{2}{12n}\right)\dfrac{r}{12} + \cdots + a_0\left(1 - \dfrac{12n-1}{12n}\right)\dfrac{r}{12}$$

$$= \dfrac{a_0 r}{12}\left[1 + \left(1 - \dfrac{1}{12n}\right) + \left(1 - \dfrac{2}{12n}\right) + \cdots + \left(1 - \dfrac{12n-1}{12n}\right)\right]$$

$$= \dfrac{a_0 r}{12}\left[12n - \dfrac{1 + 2 + 3 + \cdots(12n-1)}{12n}\right] = \dfrac{a_0 r(12n+1)}{24}$$

即：
$$w = \dfrac{a_0 r(12n+1)}{24} \tag{10-2}$$

假如某人贷款 $a_0 = 500\,000$ 元，贷款年限为 $n = 30$ 年，年利率为 $r = 6.55\%$，将它们代入式10-2，累计应还款总利息为

$$w = \dfrac{a_0 r(12n+1)}{24} = \dfrac{500\,000 \times 6.55\% (12 \times 30 + 1)}{24} \approx 492\,614.58（元）$$

第一个月应还款额为:

$$\frac{a_0}{12n}+\frac{a_0 r}{12}=\frac{500\,000}{12\times30}+\frac{500\,000\times6.55\%}{12}\approx1\,388.89+2\,729.17=4\,118.06(元)$$

以后每月还款额逐月递减.

2. 按等额本息还款法. 假设每月的还款额度为 x 元,第 k 个月的欠款金额为 a_k 元,则各月的欠款金额分别为:

$$a_1=a_0\left(1+\frac{r}{12}\right)-x$$

$$a_2=a_1\left(1+\frac{r}{12}\right)-x$$

$$a_3=a_2\left(1+\frac{r}{12}\right)-x$$

$$\cdots\cdots$$

$$a_{12n}=a_{12n-1}\left(1+\frac{r}{12}\right)-x$$

数列的后一项减去前一项得:

$$a_2-a_1=(a_1-a_0)\left(1+\frac{r}{12}\right)$$

$$a_3-a_2=(a_2-a_1)\left(1+\frac{r}{12}\right)=(a_1-a_0)\left(1+\frac{r}{12}\right)^2$$

$$\cdots\cdots$$

$$a_{12-n}-a_{12n-1}=(a_1-a_0)\left(1+\frac{r}{12}\right)^{12n-1} \tag{10-3}$$

式(10-3)表明,数列 $\{a_k-a_{k-1}\}$ 是以 a_1-a_0 为首项,$1+\frac{r}{12}$ 为公比的等比数列,于是由等比数列的求和公式得:

$$a_{12-n}-a_0=\frac{(a_1-a_0)\left[1-\left(1+\frac{r}{12}\right)^{12n}\right]}{1-\left(1+\frac{r}{12}\right)}$$

$$a_{12-n}=a_0+\frac{12(a_1-a_0)\left[\left(1+\frac{r}{12}\right)^{12n}-1\right]}{r}$$

当 $a_{12n}=0$ 时,将 $a_1=a_0\left(1+\frac{r}{12}\right)-x$ 代入上式,得每月应还款额为:

$$x=\frac{a_0 r\left(1+\frac{r}{12}\right)^{12n}}{12\left[\left(1+\frac{r}{12}\right)^{12n}-1\right]}(元) \tag{10-4}$$

还款总利息为:

$$w=12nx-a_0(元) \tag{10-5}$$

按某人贷款 $a_0=500\,000$ 元,贷款年限为 $n=30$ 年,年利率为 $r=6.55\%$ 代入式(10-4),用 MATLAB 数学软件计算得(见下面附录),每月应还款额为:

$$x=\frac{a_0 r\left(1+\frac{r}{12}\right)^{12n}}{12\left[\left(1+\frac{r}{12}\right)^{12n}-1\right]}=\frac{500\,000\times6.55\%\left(1+\frac{6.55\%}{12}\right)^{12\times30}}{12\left[\left(1+\frac{6.55\%}{12}\right)^{12\times30}-1\right]}\approx3\,176.80(元)$$

附录 计算 x 的 MATLAB 程序

输入命令：

```
>>(500000 * 0.0655 * (1 + 0.0655/12)^(12 * 30))/(12 * ((1 + 0.0655/12)^(12 * 30) − 1))
ans =

    3.1768e + 03
```

将 $x \approx 3\,176.8$ 等代入式（10−5），得还款总利息为：

$$w = 12nx - a_0 \approx 12 \times 30 \times 3\,176.8 - 500\,000 = 643\,648.0（元）$$

根据上述模型，第一种方法（等额本金）还款，前期还款压力比较大，后期还款压力小，这种还款方式总利息少。第二种方法（等额本息）还款，每月的还款额相等，还款压力相对较小，但这种还款方式还的利息多。从银行的角度说，等额本金还款法，由于购房贷款者一开始就多还本金，所以越往后所占银行的本金越少，因而所产生的利息也少。而等额本息还款法则不同，开始时还的贷款本金较少，占用银行的资金相对也较多，所以利息会相应地增加。

【思考】如果提前还款，两种还款方法所还的本息总额又各是多少？对购房者选择贷款是否有影响？

习题参考答案

习题 6—1

1. (1)二阶;(2)一阶;(3)三阶;(4)二阶;
   (5)二阶;(6)二阶;(7)五阶;(8)一阶.

2. 略.

3. (1)不是;(2)不是;(3)是,通解;(4)是,通解.

4. $y=\dfrac{1}{4}x^4+\dfrac{1}{6}x^3+\dfrac{1}{2}C_1x^2+C_2x+C_3$.

5. $y=\dfrac{x}{2}+2$.

习题 6—2

1. (1)$y=\mathrm{e}^x$;
   (2)$\arcsin y=\arccos x+C$;
   (3)$10^x+10^{-y}=C$;
   (4)$y^2=x^2(2\ln|x|+C)$;
   (5)$\ln\dfrac{y}{x}=Cx+1$;
   (6)$y=\dfrac{1}{2}\mathrm{e}^x+C\mathrm{e}^{-x}$;
   (7)$y=\dfrac{1}{3}x^2+\dfrac{3}{2}x+\dfrac{C}{x}$;
   (8)$y=C\cos x-2\cos^2 x$.

2. (1)$\ln y=\tan\dfrac{x}{2}$;
   (2)$\mathrm{e}^y=\dfrac{1}{2}(\mathrm{e}^{2x}+1)$;
   (3)$y=\dfrac{x}{\cos x}$;
   (4)$y=\sqrt{\dfrac{1+x}{1-x}}\left(\dfrac{x}{2}\sqrt{1-x^2}+\dfrac{1}{2}\arcsin x+1\right)$.

3. (1)$y=\mathrm{e}^{-x}(x+C)$;
   (2)$y=\dfrac{x^2}{3}+\dfrac{3x}{2}+2+\dfrac{C}{x}$;
   (3)$y=C\cos x-2\cos^2 x$;
   (4)$y=\dfrac{\sin x+C}{x^2-1}$;
   (5)$2x\ln y=\ln^2 y+C$;
   (6)$x=\dfrac{y^2}{2}+Cy^3$.

4. $y=\dfrac{1}{3}x^3+1$.

习题 6—3

1. (1)$y=\dfrac{x^3}{2}-\sin x+C_1x+C_2$;
   (2)$y=\dfrac{x^2\ln x}{2}-\dfrac{3x^2}{4}+C_1x+C_2$;
   (3)$y=(x-3)\mathrm{e}^x+C_1\dfrac{x^2}{2}+C_2x+C_3$;
   (4)$y=-4\cos\dfrac{x}{2}+\dfrac{\mathrm{e}^{3x}}{9}+C_1x+C_2$.

2. (1)线性无关；(2)线性无关；(3)线性无关；(4)线性相关；

   (5)线性无关；(6)线性无关；(7)线性无关；(8)线性相关.

3. $y=(C_1+C_2x)\mathrm{e}^{x^2}$.

4. $y=C_1\cos \omega x+C_2\sin \omega x$.

5. (1)$p=0,q=1$；(2)通解：$y=C_1\mathrm{e}^x+C_2\mathrm{e}^{-x}$；特解：$y=\dfrac{3}{2}\mathrm{e}^x-\dfrac{1}{2}\mathrm{e}^{-x}$.

应用与实践六习题

1. $i(t)=\mathrm{e}^{-5t}+\sin 5t-\cos 5t$.

2. $x=\dfrac{m}{k}gt+s\dfrac{m^2}{k^2}g(\mathrm{e}^{-\frac{k}{m}t}-1)$.

3. 略.

4. 略.

复习题六

1. (1)4；

   (3)公式法,常数变易法；

(2)$\dfrac{\mathrm{d}y}{\mathrm{d}x}=f(x)g(x)$；

(4)$\dfrac{1}{120}x^5+\dfrac{1}{6}C_1x^3+\dfrac{1}{2}C_2x^2+C_3x+C_4$.

2. (1)B；(2)C；(3)C；(4)D；(5)D.

3. (1)$y=C\sqrt{1+x^2}$；

(2)$y=\dfrac{1}{2}(\sin x+\cos x)+C\mathrm{e}^{-x}$；

   (3)$y=\dfrac{1}{x}(C-\cos x)$；

(4)$y=x\arcsin \dfrac{x}{C}$；

   (5)$y^2=\ln x^2-x^2+C$；

(6)$y=\dfrac{x}{3}(\ln x-\dfrac{1}{3})$.

   (7)$y=3\mathrm{e}^x+2(x-1)\mathrm{e}^{2x}$；

(8)$2x\sin y=\sin^2 y+\dfrac{3}{4}$.

4. $y=-4\cos \dfrac{x}{2}+\dfrac{1}{9}\mathrm{e}^{3x}+C_1x+C_2$.

5. (1)$t=\ln 3$；$s=v_0-v_0\mathrm{e}^{-t}$；

(2)$y=2\ 500+C\mathrm{e}^{0.04t}$.

习题 7—1

1. (1)22；(2)a^2-b^2+2ab；(3)$\cos 2\theta$；(4)0.

2. (1)2；(2)$2abc$；(3)-25；(4)$3abc-a^3-b^3-c^3$.

3. (1)$x=2$；(2)$x=0,x=1$.

4. (1)0；(2)160.

5. (1)$\begin{cases} x_1=-\dfrac{1}{2}, \\ x_2=-\dfrac{1}{2}, \\ x_3=\dfrac{3}{2}; \end{cases}$ (2)$\begin{cases} x_1=\dfrac{2}{3}, \\ x_2=-\dfrac{1}{4}, \\ x_3=\dfrac{7}{12}. \end{cases}$

6.$(1)\begin{cases}x=-1,\\y=-1,\\z=\dfrac{2}{3};\end{cases}$ $(2)\begin{cases}x_1=1,\\x_2=-2,\\x_3=0,\\x_4=\dfrac{1}{2}.\end{cases}$

习题 7-2

1. $(1)0$；$(2)-16$；$(3)0$；$(4)0$；$(5)2\,000$；$(6)0$.

2. (1)按第一行展开，即证；(2)将第二、三、四列都加到第一列上去，即证；(3)略.

3. $(1)(a_2a_3-b_2b_3)(a_1a_4-b_1b_4)$；$(2)(n+a)a^{n-1}$；$(3)4abcdef$；$(4)56$.

4. $(1)12$；$(2)0$.

习题 7-3

1. $(1)\begin{bmatrix}2&0&1\\1&4&0\end{bmatrix}$；$(2)\begin{bmatrix}8&-4&1\\5&4&-2\end{bmatrix}$；$(3)\begin{bmatrix}25&-14&2\\16&8&-7\end{bmatrix}$.

2. $x=1,y=2$.

3. $(1)10$；$(2)\begin{bmatrix}2&-2\\3&-3\\-2&2\end{bmatrix}$；$(3)\begin{bmatrix}4&5&1\\-2&1&0\\2&2&0\end{bmatrix}$；$(4)\begin{bmatrix}5\\-3\\6\end{bmatrix}$.

4. 由于 $\boldsymbol{AB}=\begin{bmatrix}4&6&4\\2&2&2\\2&0&6\end{bmatrix},\boldsymbol{BA}=\begin{bmatrix}0&2&4\\-3&5&3\\5&-1&7\end{bmatrix}$，所以 $\boldsymbol{AB}-\boldsymbol{BA}=\begin{bmatrix}4&4&0\\5&-3&-1\\-3&1&-1\end{bmatrix}$.

5. $\boldsymbol{AB}=\begin{bmatrix}26&20&-18\\-4&6&10\\8&48&17\end{bmatrix},\boldsymbol{BA}=\begin{bmatrix}33&22&16\\14&14&-10\\-31&-30&2\end{bmatrix},\boldsymbol{AC}=\begin{bmatrix}13&20&14&0\\-1&6&2&0\\15&48&25&0\end{bmatrix}$，不能求 $\boldsymbol{CA}$.

6. $\begin{bmatrix}21&2\\2&13\end{bmatrix},\begin{bmatrix}13&2&2\\2&1&4\\2&4&20\end{bmatrix}$.

习题 7-4

1. $(1)\begin{bmatrix}-3&-6\\2&4\end{bmatrix}$；$(2)\begin{bmatrix}12&2&8\\7&6&-5\\-32&14&-2\end{bmatrix}$.

2. $(1)\begin{bmatrix}5&-2\\-2&1\end{bmatrix}$；$(2)\begin{bmatrix}\cos\theta&\sin\theta\\-\sin\theta&\cos\theta\end{bmatrix}$；$(3)\begin{bmatrix}0&1&0\\1&0&0\\0&0&1\end{bmatrix}$；$(4)\begin{bmatrix}1&-2&7\\0&1&-2\\0&0&1\end{bmatrix}$.

3. $\begin{bmatrix} \frac{1}{10} & 0 & 0 \\ \frac{1}{5} & \frac{1}{5} & 0 \\ \frac{3}{10} & \frac{2}{5} & \frac{1}{2} \end{bmatrix}$.

4. (1) $\begin{bmatrix} x_1 \\ x_2 \end{bmatrix} = \begin{bmatrix} \frac{1}{2} \\ 0 \end{bmatrix}$; (2) $\begin{bmatrix} x_1 \\ x_2 \\ x_3 \end{bmatrix} = \begin{bmatrix} 3 \\ -3 \\ 1 \end{bmatrix}$.

5. (1) $\begin{bmatrix} 1 & 0 \\ 0 & 1 \end{bmatrix}$; (2) $\begin{bmatrix} 4 & 0 & 2 & 1 \\ 0 & 4 & -6 & 5 \\ 0 & 0 & 0 & 0 \end{bmatrix}$; (3) $\begin{bmatrix} 1 & 0 & 0 & 1 & 0 \\ 0 & 1 & 0 & 3 & -1 \\ 0 & 0 & 1 & -1 & 1 \\ 0 & 0 & 0 & 0 & 0 \end{bmatrix}$.

6. (1) $\begin{bmatrix} 1 & 0 & 0 \\ 0 & 1 & 0 \\ 0 & 0 & 1 \end{bmatrix}$; (2) $\begin{bmatrix} 1 & 0 & 0 & 0 \\ 0 & 1 & 0 & \frac{1}{7} \\ 0 & 0 & 1 & -\frac{5}{7} \end{bmatrix}$; (3) $\begin{bmatrix} 1 & 1 & 1 & 0 & 0 & 1 \\ 0 & 0 & 0 & 1 & 0 & 2 \\ 0 & 0 & 0 & 0 & 1 & -1 \end{bmatrix}$.

7. $\begin{bmatrix} 4 & -1 & 2k \\ 1 & 2 & -3k \end{bmatrix}$.

8. (1) $\begin{bmatrix} 5 & -2 \\ -7 & 3 \end{bmatrix}$; (2) $\begin{bmatrix} -5 & 4 & -3 \\ 10 & -7 & 6 \\ 8 & -6 & 5 \end{bmatrix}$; (3) $\begin{bmatrix} 1 & -2 & -3 & 6 \\ 0 & 1 & 1 & -2 \\ 0 & 0 & 1 & -1 \\ 0 & 0 & 0 & 1 \end{bmatrix}$.

9. (1) $r=3$; (2) $r=2$; (3) $r=3$.

习题 7－5

1. (1) $\begin{cases} x_1 = \dfrac{4}{3}c, \\ x_2 = -3c, \\ x_3 = \dfrac{4}{3}c, \\ x_4 = c; \end{cases}$ (2) $\begin{cases} x_1 = -2c_1 + c_2, \\ x_2 = c_1, \\ x_3 = 0, \\ x_4 = c_2; \end{cases}$ (3)零解.

2. (1)无解；(2) $\begin{cases} x_1 = -2c - 1, \\ x_2 = 2 + c, \\ x_3 = c; \end{cases}$ (3) $\begin{cases} x_1 = -\dfrac{1}{2}c_1 + \dfrac{1}{2}c_2 + \dfrac{1}{2}, \\ x_2 = c_1, \\ x_3 = c_2, \\ x_4 = 0. \end{cases}$

3. (1) $\lambda \neq 1, -2$; (2) $\lambda = 1$; (3) $\lambda = -2$.

4. $2b - 5a + c = 0$.

应用与实践七习题

1. LET US TRY TOGETHER.

复习题七

1. (1) $\begin{vmatrix} a_1 & a_2 & a_3 \\ b_1 & b_2 & b_3 \\ c_1-a_1 & c_2-a_2 & c_3-a_3 \end{vmatrix}$;(2)-8;(3)19;(4)$-46,46,0,2$;

(5)$\begin{bmatrix} 2 & 0 & 1 \\ 1 & 4 & 0 \end{bmatrix}$,$\begin{bmatrix} 8 & -4 & 1 \\ 5 & 4 & -2 \end{bmatrix}$;(6)$s\times s$;(7)$n\times p$;(8)8;

(9)$\begin{bmatrix} 5 & -4 \\ -2 & 1 \end{bmatrix}$,$\begin{bmatrix} -\dfrac{5}{3} & \dfrac{4}{3} \\ \dfrac{2}{3} & -\dfrac{1}{3} \end{bmatrix}$;

(10)$\begin{bmatrix} 0 & 6 & -1 \\ 5 & -1 & 4 \end{bmatrix}$;(11)2;(12)$R(\boldsymbol{A})$.

2. (1)D;(2)C;(3) A;(4) B;(5)C;(6) D;(7) B;(8) D.

3. (1)-3;(2)a^5+b^5;(3)$(d-a),(d-b),(d-c),(b-a),(c-b)$;(4)4 800;

(5)3;(6)$\begin{bmatrix} -1 & 1 \\ -1 & -1 \\ 4 & 0 \end{bmatrix}$;(7)$A^{-1}=\begin{bmatrix} 1 & -2 & 0 & 0 \\ -2 & 5 & 0 & 0 \\ 0 & 0 & 2 & -3 \\ 0 & 0 & -5 & 8 \end{bmatrix}$.

4. (1)$\begin{cases} x_1=2c_1+\dfrac{5}{3}c_2, \\ x_2=-2c_1-\dfrac{4}{3}c_2, \\ x_3=c_1, \\ x_4=c_2; \end{cases}$,(2)$\begin{cases} x_1=-c, \\ x_2=-2c, \\ x_3=0, \\ x_4=c; \end{cases}$;

(3)$\begin{cases} x_1=2, \\ x_2=-1, \\ x_3=1, \\ x_4=-3; \end{cases}$;(4)$\begin{cases} x_1=2c_1-5c_2-6c_3, \\ x_2=c_1, \\ x_3=8c_2+7c_3, \\ x_4=c_2, \\ x_5=c_3, \end{cases}$ （其中 c_1,c_2,c_3 为自由未知量）.

习题 8-1

1. $P(\xi=0)=\dfrac{7}{10}$,$P(\xi=1)=\dfrac{7}{30}$,$P(\xi=2)=\dfrac{7}{120}$,$P(\xi=3)=\dfrac{1}{120}$;$P(\xi\leqslant1)=\dfrac{4}{15}$,$P(\xi\geqslant1)$

$=\dfrac{3}{10}$.

2. $P(\xi=0)\approx0.583\ 75$,$P(\xi=1)\approx0.339\ 39$,$P(\xi=2)\approx0.070\ 22$,$P(\xi=3)\approx0.006\ 39$,P

$(\xi=4)\approx0.000\ 25, P(\xi=5)\approx0.000\ 00.$

3. 0.36.

4. 0.595.

5. 0.270 7,0.270 7.

6. 0.997.

习题 8－2

1. (1)$a=\dfrac{1}{2},\dfrac{\sqrt{2}}{4}$.

2. 0.75.

3. $\dfrac{8}{27},\dfrac{1}{27}$.

4. (1)$\dfrac{1}{3}$;(2)$\dfrac{1}{3}$.

5. 0.223,(153.5,$+\infty$).

6. (1)0.986 1;(2)0.039 2;(3)0.217 7;(4)0.878 8;(5)0.012 4.

7. (1)30.85%,(2)12.88 万元,(3)24.6 万元.

习题 8－3

1. 0.

2. np.

3. $\dfrac{11}{8},\dfrac{31}{8},-\dfrac{7}{4}$.

4. 0.

5. 1.61,1.96,63.49.

6. $\dfrac{1}{6}$.

7. npq.

8. $\dfrac{1}{\lambda}$.

9. 1.

习题 8－4

1. $\bar{x}=450(\text{kg}),S^2=2108(\text{kg}^2)$.

2. (1)$\lambda=1.96$;(2)$\lambda=2.57$;(3)$\lambda=1.64$.

3. (1)1.69,16.0;(2)0.831,11.07.

4. (1)0.92,57.58.

习题 8－5

1. (1)不是;(2)是.

2. $\dfrac{1}{2}(\xi_1+\xi_2)$ 比 ξ_1 有效.

3. 均值为 1 147 h,标准差为 87.1 h.

4. (14.96,15.04).

5. (35 257,37 149).

6. (−0.47,4.47).

习题 8—6

1. 不能相信.($P_{200}(4)\approx0.015$).

2. 不能认为这天的生产是正常的.

3. 认为这天的生产是正常的.

应用与实践八习题

1. 0.866 5,符合要求(99.73%).

2. (1)126;(2)第一批比第二批质量好($\sigma_1^2=60.9<\sigma_2^2=304$).

3. (0.13,2.89).

4. 用热敏电阻测温仪间接测量温度可以认为无系统偏差.

复习题八

1. (1)$P(\xi=x_k)=p_k,p_k\geqslant0(k=1,2,\cdots),\sum\limits_{k=1}^{\infty}p_k=1$;

(2)$\xi\sim N(0,1),\varphi(x)=\dfrac{1}{\sqrt{2\pi}}e^{-\frac{x^2}{2}}$;

(3)$P(\xi=k)=C_{30}^k0.8^k0.2^{30-k}(k=0,1,2,\cdots,30)$;

(4)$\displaystyle\int_{-\infty}^{+\infty}xf(x)\mathrm{d}x,E(\xi)$;

(5)$5,\dfrac{1}{e},\dfrac{1}{5},\dfrac{1}{25}$;

(6)33,18.8;

(7)u,t,χ^2.

2. (1)B;(2)C;(3)B;(4)C.

3. (1)×;(2)√;(3)×.

4. (1)0.045 5;(2)4;(3)(0.377,8.694).

习题 9—1

1. 设 x_1、x_2、x_3 分别为产品 A、B、C 的产量,则数学模型为

$$\max z=10x_1+14x_2+12x_3,$$
$$\begin{cases}1.5x_1+1.2x_2+4x_3\leqslant2\ 500,\\3x_1+1.6x_2+1.2x_3\leqslant1\ 400,\\150\leqslant x_1\leqslant250,\\260\leqslant x_2\leqslant310,\\120\leqslant x_3\leqslant130,\\x_1,x_2,x_3\geqslant0.\end{cases}$$

2.设 x_1,x_2 分别为产品 A、B 的产量，x_3 为副产品 C 的销售量，x_4 为副产品 C 的销毁量，有 $x_3+x_4=2x_2$，z 为总利润，则数学模型为

$$\max z = 3x_1 + 7x_2 + 2x_3 - x_4,$$

$$\begin{cases} x_1 + 2x_2 \leqslant 11, \\ 2x_1 + 3x_2 \leqslant 17, \\ -2x_2 + x_3 + x_4 = 0, \\ x_3 \leqslant 13, \\ x_j \geqslant 0, j = 1, 2, \cdots, 4. \end{cases}$$

3.(1)令 $x_3 = x_3' - x_3''$，x_4, x_5, x_6 为松弛变量，则标准形式为

$$\max z = x_1 - 4x_2 - x_3' + x_3'',$$

$$\begin{cases} 2x_1 + x_2 + 3x_3' - 3x_3'' + x_4 = 20, \\ 5x_1 - 7x_2 + 4x_3' - 4x_3'' - x_5 = 3, \\ -10x_1 - 3x_2 - 6x_3' + 6x_3'' + x_6 = 5, \\ x_1, x_2, x_3', x_3'', x_4, x_5, x_6 \geqslant 0. \end{cases}$$

(2)将绝对值化为两个不等式，则标准形式为

$$\max z' = -9x_1 + 3x_2 - 5x_3,$$

$$\begin{cases} 6x_1 + 7x_2 - 4x_3 + x_4 = 20, \\ -6x_1 - 7x_2 + 4x_3 + x_5 = 20, \\ x_1 - x_6 = 5, \\ -x_1 - 8x_2 = 8, \\ x_1, x_2, x_3, x_4, x_5, x_6 \geqslant 0. \end{cases}$$

习题 9—2

1.(1)最优解 $\boldsymbol{X} = (1/2, 1/2)$，最优值 $z = -1/2$.

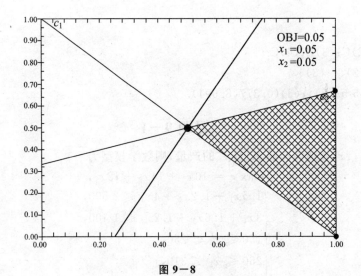

图 9—8

(2)最优解 $\boldsymbol{X}=(3/4,7/2)$,最优值 $z=-45/4$.

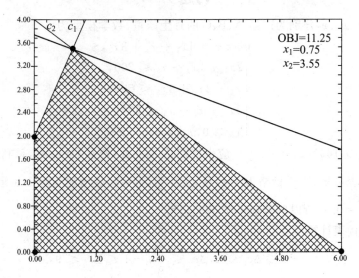

图 9—9

2.(1)最优解:$\boldsymbol{X}=(1/2,0,0,0,5/2)$,最优值 $z=3/2$.

(2)因为 $\lambda_7=3>0$ 并且 $a_{i7}<0(i=1,2,3)$,故原问题具有无界解,即无最优解.

习题 9—3

1.(1)设 x_j 为每天第 j 种食物的用量,数学模型为
$$\min z = 0.5x_1 + 0.4x_2 + 0.8x_3 + 0.9x_4 + 0.3x_5 + 0.2x_6,$$
$$\begin{cases} 13x_1 + 25x_2 + 14x_3 + 40x_4 + 8x_5 + 11x_6 \geqslant 80, \\ 24x_1 + 9x_2 + 30x_3 + 25x_4 + 12x_5 + 15x_6 \geqslant 150, \\ 18x_1 + 7x_2 + 21x_3 + 34x_4 + 10x_5 \geqslant 180, \\ x_1、x_2、x_3、x_4、x_5、x_6 \geqslant 0. \end{cases}$$

(2)设 y_i 为第 i 种单位营养的价格,则数学模型为
$$\max w = 80y_1 + 150y_2 + 180y_3,$$
$$\begin{cases} 13y_1 + 24y_2 + 18y_3 \leqslant 0.5, \\ 25y_1 + 9y_2 + 7y_3 \leqslant 0.4, \\ 14y_1 + 30y_2 + 21y_3 \leqslant 0.8, \\ 40y_1 + 25y_2 + 34y_3 \leqslant 0.9, \\ 8y_1 + 12y_2 + 10y_3 \leqslant 0.3, \\ 11y_1 + 15y_2 \leqslant 0.5, \\ y_1, y_2, y_3 \geqslant 0. \end{cases}$$

2. (1)
$$\min w = -y_1 + 4y_2,$$
$$\begin{cases} -y_1 + y_2 \geqslant -2, \\ 3y_1 + 5y_2 \geqslant 4, \\ y_1, y_2 \geqslant 0. \end{cases}$$

(2)
$$\max w = 10y_1 + 8y_2,$$
$$\begin{cases} y_1 - y_2 = 2, \\ 2y_1 - 3y_2 = -1, \\ y_2 \leqslant 3, \\ y_1 无约束;y_2 \geqslant 0. \end{cases}$$

习题 9—4

1.（1）设 x_1、x_2、x_3 分别为产品 A、B、C 的月生产量，数学模型为

$$\max z = 4x_1 + x_2 + 3x_3,$$

$$\begin{cases} 2x_1 + 1x_2 + x_3 \leqslant 200, \\ x_1 + 2x_2 + 3x_3 \leqslant 500, \\ 2x_1 + x_2 + x_3 \leqslant 600, \\ x_1 \geqslant 0, x_2 \geqslant 0, x_3 \geqslant 0. \end{cases}$$

最优解 $X = (20, 0, 160)$，$z = 560$．工厂应生产产品 A20 件，产品 C160 种，总利润为 560 元．

（2）则最优表可知，影子价格为 $y_1 = \dfrac{9}{5}$，$y_2 = \dfrac{2}{5}$，$y_3 = 0$，故增加利润 1.8 元．

（3）因为 $y_2 = 0.4$，所以叫价应不少于 1.6 元．

（4）依据最优表计算得

$$-3 \leqslant \Delta c_1 \leqslant 2, \Delta c_2 \leqslant \frac{8}{5}, -1 \leqslant \Delta c_3 \leqslant 9,$$

$$c_1 \in [1, 6], c_2 \in \left(-\infty, \frac{13}{5}\right], c_3 \in [2, 12].$$

（5）依据最优表计算得

$$-\frac{100}{3} \leqslant \Delta b_1 \leqslant 400, -400 \leqslant \Delta b_2 \leqslant 100, -400 \leqslant \Delta b_3,$$

$$b_1 \in \left[\frac{500}{3}, 600\right], b_2 \in [100, 600], b_3 \in [200, +\infty).$$

（6）变化后的检验数为 $\lambda_2 = 1, \lambda_4 = -2, \lambda_5 = 0$．故 x_2 进基 x_1 出基，得到最最优解 $X = (0, 200, 0)$，即只生产产品 B 200 件，总利润为 600 元．

（7）设产品 D 的产量为 x_7，单件产品利润为 c_7，只有当 $\lambda_7 = c_7 - C_B B^{-1} P_7 > 0$ 时才有利于投产．

$$c_7 > C_B B^{-1} P_7 = Y P_7 = \left(\frac{9}{5}, \frac{2}{5}, 0\right) \begin{pmatrix} 2 \\ 2 \\ 1 \end{pmatrix} = \frac{22}{5}.$$

则当单位产品 D 的利润超过 4.4 元时才有利于投产．

应用与实践九习题

1. 第一步：求下料方案，见下表.

方案	一	二	三	四	五	六	七	八	九	十	十一	十二	十三	十四	需要量
B1:2.7m	2	1	1	1	0	0	0	0	0	0	0	0	0	0	300
B2:2m	0	1	0	0	3	2	2	1	1	1	0	0	0	0	450
A1:1.7m	0	0	1	0	0	1	0	2	1	0	3	2	1	0	400
A2:1.3m	0	1	1	2	0	0	1	0	1	3	0	2	3	4	600
余料	0.6	0	0.3	0.7	0	0.3	0.7	0.6	1	0.1	0.9	0	0.4	0.8	

第二步:建立线性规划数学模型

设 $x_j(j=1,2,\cdots,14)$ 为第 j 种方案使用原材料的根数,则

(1)用料最少数学模型为

$$\min z = \sum_{j=1}^{14} x_j,$$

$$\begin{cases} 2x_1 + x_2 + x_3 + x_4 \geqslant 300, \\ x_2 + 3x_5 + 2x_6 + 2x_7 + x_8 + x_9 + x_{10} \geqslant 450, \\ x_3 + x_6 + 2x_8 + x_9 + 3x_{11} + 2x_{12} + x_{13} \geqslant 400, \\ x_2 + x_3 + 2x_4 + x_7 + x_9 + 3x_{10} + 2x_{12} + 3x_{13} + 4x_{14} \geqslant 600, \\ x_j \geqslant 0, j=1,2,\cdots,14. \end{cases}$$

用单纯形法求解得到两个基本最优解:

$\boldsymbol{X}^{(1)} = (50,200,0,0,84,0,0,0,0,0,0,200,0,0), z=534;$

$\boldsymbol{X}^{(2)} = (0,200,100,0,84,0,0,0,0,0,0,150,0,0), z=534.$

(2)余料最少数学模型为

$$\min z = 0.6x_1 + 0.3x_3 + 0.7x_4 + \cdots + 0.4x_{13} + 0.8x_{14},$$

$$\begin{cases} 2x_1 + x_2 + x_3 + x_4 \geqslant 300, \\ x_2 + 3x_5 + 2x_6 + 2x_7 + x_8 + x_9 + x_{10} \geqslant 450, \\ x_3 + x_6 + 2x_8 + x_9 + 3x_{11} + 2x_{12} + x_{13} \geqslant 400, \\ x_2 + x_3 + 2x_4 + x_7 + x_9 + 3x_{10} + 2x_{12} + 3x_{13} + 4x_{14} \geqslant 600, \\ x_j \geqslant 0, j=1,2,\cdots,14. \end{cases}$$

用单纯形法求解得到两个基本最优解:

$\boldsymbol{X}^{(1)} = (0,300,0,0,50,0,0,0,0,0,0,200,0,0), z=0,$ 用料 550 根;

$\boldsymbol{X}^{(2)} = (0,450,0,0,0,0,0,0,0,0,0,200,0,0), z=0,$ 用料 650 根;

显然用料最少的方案最优。

2. 解:以 1% 为单位,计算累计投资比例和可用累计投资额,见下表

年份	每种活动单位资源使用量(每个百分点投资的累计数)			
	项目 1	项目 2	项目 3	累计可用资金/万元
0	40	80	90	2 500
1	100	160	140	4 500
2	190	240	160	6 500
3	200	310	220	8 000
净现值	45	70	50	

设 x_j 为 j 项目投资比例,则数学模型:

$$\max z = 45x_1 + 70x_2 + 50x_3$$

$$\begin{cases} 40x_1 + 80x_2 + 90x_3 \leqslant 2\ 500 \\ 100x_1 + 160x_2 + 140x_3 \leqslant 4\ 500 \\ 190x_1 + 240x_2 + 160x_3 \leqslant 6\ 500 \\ 200x_1 + 310x_2 + 220x_3 \leqslant 8\ 000 \\ x_j \geqslant 0, j = 1,2,3 \end{cases}$$

最优解 $X = (0, 16.5049, 13.1067); z = 1\ 810.68$ 万元

年份	实际投资			
	项目1比例:0	项目2比例:16.5049	项目3比例:13.1067	累计投资/万元
0	0	1 320.392	1 179.603	2 499.995
1	0	2 640.784	1 834.938	4 475.722
2	0	3 961.176	2 097.072	6 058.248
3	0	5 116.519	2 883.474	7 999.993
净现值	0	1 155.343	655.335	

复习题九

1. (1) A; (2) B.

2. 设生产圆桌 x 只, 生产衣柜 y 个, 利润总额为 z 元,

那么 $\begin{cases} 0.18x + 0.09y \leqslant 72, \\ 0.08x + 0.28y \leqslant 56, \\ x \geqslant 0, \\ y \geqslant 0. \end{cases}$ 而 $z = 6x + 10y$.

图 9—10

如上图所示, 作出以上不等式组所表示的平面区域, 即可行域.

应生产圆桌 100 只, 生产衣柜 100 个, 能使利润总额达到最大.

3. 设用甲种规格原料 x 张, 乙种规格原料 y 张, 所用原料的总面积是 $z\ \text{m}^2$,

目标函数 $z = 3x + 2y$, 线性约束条件,

$$\begin{cases} x + 2y \geqslant 2, \\ 2x + y \geqslant 3, \\ x \geqslant 0, y \geqslant 0. \end{cases}$$

用甲种规格的原料 1 张, 乙种原料的原料 1 张, 可使所用原料的总面积最小为 5 m^2.

图 9—11

附表 1　标准正态分布函数值表

$$\Phi(x) = \int_{-\infty}^{x} \frac{1}{\sqrt{2\pi}} e^{-\frac{t^2}{2}} dt$$

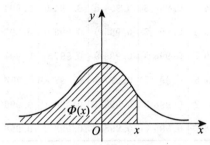

x	0	1	2	3	4	5	6	7	8	9
0.0	0.500 0	0.504 0	0.508 0	0.512 0	0.516 0	0.519 9	0.523 9	0.527 9	0.531 9	0.535 9
0.1	0.539 8	0.543 8	0.547 8	0.551 7	0.555 7	0.559 6	0.563 6	0.567 5	0.571 4	0.575 3
0.2	0.579 3	0.583 2	0.587 1	0.591 0	0.594 8	0.598 7	0.602 6	0.606 4	0.610 3	0.614 1
0.3	0.617 9	0.621 7	0.625 5	0.629 3	0.633 1	0.636 8	0.640 6	0.644 3	0.648 0	0.651 7
0.4	0.655 4	0.659 1	0.662 8	0.666 4	0.670 0	0.673 6	0.677 2	0.680 8	0.684 4	0.687 9
0.5	0.691 5	0.695 0	0.698 5	0.701 9	0.705 4	0.708 8	0.712 3	0.715 7	0.719 0	0.722 4
0.6	0.725 7	0.729 1	0.732 4	0.735 7	0.738 9	0.742 2	0.745 4	0.748 6	0.751 7	0.754 9
0.7	0.758 0	0.761 1	0.764 2	0.767 3	0.770 3	0.773 4	0.776 4	0.779 4	0.782 3	0.785 2
0.8	0.788 1	0.791 0	0.793 9	0.796 7	0.799 5	0.802 3	0.805 1	0.807 8	0.810 6	0.813 3
0.9	0.815 9	0.818 6	0.821 2	0.823 8	0.826 4	0.828 9	0.831 5	0.834 0	0.836 5	0.838 9
1.0	0.841 3	0.843 8	0.846 1	0.848 5	0.850 8	0.853 1	0.855 4	0.857 7	0.859 9	0.862 1
1.1	0.864 3	0.866 5	0.868 6	0.870 8	0.872 9	0.874 9	0.877 0	0.879 0	0.881 0	0.883 0
1.2	0.884 9	0.886 9	0.888 8	0.890 7	0.892 5	0.894 4	0.896 2	0.898 0	0.899 7	0.901 5
1.3	0.903 2	0.904 9	0.906 6	0.908 2	0.909 0	0.911 5	0.913 1	0.914 7	0.916 2	0.917 7
1.4	0.919 2	0.920 7	0.922 2	0.923 6	0.925 1	0.926 5	0.927 8	0.929 2	0.930 6	0.931 9
1.5	0.933 2	0.934 5	0.935 7	0.937 0	0.938 2	0.939 4	0.940 6	0.941 8	0.943 0	0.944 1
1.6	0.945 2	0.946 3	0.947 4	0.948 4	0.949 5	0.950 5	0.951 5	0.952 5	0.953 5	0.954 5
1.7	0.955 4	0.956 4	0.957 3	0.958 2	0.959 1	0.959 9	0.960 8	0.961 6	0.962 5	0.963 3
1.8	0.964 1	0.964 8	0.965 6	0.966 4	0.967 1	0.967 8	0.968 6	0.969 3	0.970 0	0.970 6
1.9	0.971 3	0.971 9	0.972 6	0.973 2	0.973 8	0.974 4	0.975 0	0.975 6	0.976 2	0.976 7
2.0	0.977 2	0.977 8	0.978 3	0.978 8	0.979 3	0.979 8	0.980 3	0.980 8	0.981 2	0.981 7

x	0	1	2	3	4	5	6	7	8	9
2.1	0.982 1	0.982 6	0.983 0	0.983 4	0.983 8	0.984 2	0.9084 6	0.985 0	0.985 4	0.985 7
2.2	0.986 1	0.986 4	0.986 8	0.987 1	0.987 4	0.987 8	0.988 1	0.988 4	0.988 7	0.989 0
2.3	0.989 3	0.989 6	0.989 8	0.990 1	0.990 4	0.990 6	0.990 9	0.991 1	0.991 3	0.991 6
2.4	0.991 8	0.992 0	0.992 2	0.992 5	0.992 7	0.992 9	0.993 1	0.993 2	0.993 4	0.993 6
2.5	0.993 8	0.994 0	0.994 1	0.994 3	0.994 5	0.994 6	0.994 8	0.994 9	0.995 1	0.995 2
2.6	0.995 3	0.995 5	0.995 6	0.995 7	0.995 9	0.996 0	0.996 1	0.996 2	0.996 3	0.996 4
2.7	0.996 5	0.996 6	0.996 7	0.996 8	0.996 9	0.997 0	0.997 1	0.997 2	0.997 3	0.997 4
2.8	0.997 4	0.997 5	0.997 6	0.997 7	0.997 7	0.997 8	0.997.9	0.997 9	0.998 0	0.998 1
2.9	0.998 1	0.998 2	0.998 2	0.998 3	0.998 4	0.998 4	0.998 5	0.998 5	0.998 6	0.998 6
3.0	0.998 7	0.998 7	0.998 7	0.998 7	0.998 8	0.998 8	0.998 8	0.998 9	0.999 0	0.999 0

附表 2　χ² 分布临界值表

$$P\{\lambda_1 < \chi^2(n-1) < \lambda_2\} = 1 - \alpha$$
$$\lambda_1 = \chi^2_{1-\frac{\alpha}{2}}(n-1)$$
$$\lambda_2 = \chi^2_{\frac{\alpha}{2}}(n-1)$$

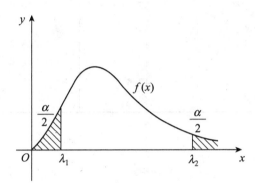

$n-1$	α			
	0.975	0.05	0.025	0.01
	λ			
1	0.000 98	3.84	5.02	6.63
2	0.050 6	5.99	7.38	9.21
3	0.216	7.81	9.35	11.3
4	0.484	9.49	11.1	13.3
5	0.831	11.07	12.8	15.1
6	1.24	12.6	14.4	16.8
7	1.69	14.1	16.0	18.5
8	2.18	15.5	17.5	20.1
9	2.70	16.9	19.0	21.7
10	3.25	18.3	20.5	23.2
11	3.82	19.7	21.9	24.7
12	4.40	21.0	23.3	26.2
13	5.01	22.4	24.7	27.7
14	5.63	23.7	26.1	29.1
15	6.26	25.0	27.5	30.6
16	6.91	26.3	28.8	32.0
17	7.56	27.6	30.2	33.4
18	8.23	28.9	31.5	34.8
19	8.91	30.1	32.9	36.2
20	9.59	31.4	34.2	37.6

续表

$n-1$	α			
	0.975	0.05	0.025	0.01
	λ			
21	10.3	32.7	35.5	38.9
22	11.0	33.9	36.8	40.3
23	11.7	35.2	38.1	41.6
24	12.4	36.4	39.4	43.0
25	13.1	37.7	40.6	44.3
26	13.8	38.9	41.9	45.6
27	14.6	40.1	43.2	47.0
28	15.3	41.3	44.5	48.3
29	16.0	42.6	45.7	49.6
30	16.8	43.8	47.0	50.9

注：表中自由度为 $n-1$.

附表3　t分布临界表

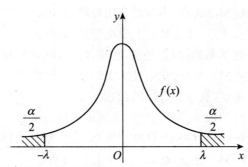

$$P(|t|<\lambda)=1-\alpha$$
$$\lambda=t_{\frac{\alpha}{2}}(n-1)$$

| $n-1$ | α | | | | | $n-1$ | α | | | | |
| | 0.10 | 0.05 | 0.02 | 0.01 | 0.001 | | 0.10 | 0.05 | 0.02 | 0.01 | 0.001 |
	λ						λ				
1	6.314	12.706	31.821	63.657	636.619	18	1.534	2.101	2.552	2.878	3.922
2	2.920	4.303	6.965	9.925	31.598	19	1.729	2.093	2.539	2.861	3.883
3	2.353	3.182	4.541	5.841	12.924	20	1.735	2.086	2.528	2.845	3.850
4	2.132	2.776	3.747	4.604	8.610	21	1.721	2.080	2.518	2.831	3.819
5	2.015	2.571	3.365	4.032	6.859	22	1.717	2.074	2.508	2.819	3.792
6	1.943	2.447	3.143	3.707	5.959	23	1.714	2.069	2.500	2.807	3.767
7	1.895	2.365	2.998	3.449	5.405	24	1.711	2.064	2.492	2.797	3.745
8	1.860	2.306	2.896	3.355	5.041	25	1.708	2.060	2.485	2.787	3.725
9	1.833	2.262	2.821	3.250	4.781	26	1.706	2.056	2.479	2.779	3.707
10	1.812	2.228	2.764	3.169	4.587	27	1.703	2.052	2.473	2.771	3.690
11	1.796	2.201	2.718	3.106	4.437	28	1.701	2.048	2.467	2.763	3.674
12	1.782	2.179	2.681	3.055	4.318	29	1.699	2.045	2.462	2.756	3.659
13	1.771	2.160	2.650	3.012	4.221	30	1.697	2.042	2.457	2.750	3.646
14	1.761	2.145	2.624	2.977	4.140	40	1.684	2.021	2.423	2.704	3.551
15	1.753	2.131	2.602	2.947	4.073	60	1.671	2.000	2.390	2.660	3.460
16	1.746	2.120	2.583	2.921	4.015	120	1.658	1.980	2.358	2.617	3.373
17	1.740	2.110	2.567	2.898	3.965	∞	1.645	1.960	2.326	2.576	3.291

参 考 文 献

[1] 同济大学应用数学系.微积分[M].北京:高等教育出版社,2002.

[2] 杜吉佩.应用数学基础[M].北京:高等教育出版社,2004.

[3] 周金玉.应用数学[M].北京:北京理工大学出版社,2008.

[4] 李志煦,展明慈.经济数学基础[M].北京:北京理工大学出版社,2003.

[5] 首南祺.应用高等数学[M].北京:北京理工大学出版社,2007.

[6] 胡农.高等数学[M].北京:高等教育出版社,2007.

[7] 阎章杭,李月清.高等应用数学[M].北京:化学出版社,2009.

[8] CEAC信息化培训认证管理办公室.计算机数学基础[M].北京:高等教育出版社,2007.

[9] 盛祥耀.高等数学辅导[M].北京:高等教育出版社,2003.

[10] 同济大学 天津大学 浙江大学 重庆大学.高等数学[M].第四版.北京:高等教育出版社,2013.

[11] 节存来,马凤敏,等.经济应用数学[M].北京:高等教育出版社,2012.

[12] 侯风波.经济数学基础[M].北京:高等教育出版社,2012.

[13] 骈俊生.高等数学[M].北京:高等教育出版社,2012.

[14] 白克志,等.经济应用数学基础及数学文化[M].北京:人民邮电出版社,2013.

[15] 姜启源,等.数学模型[M].北京:高等教育出版社,2010.

[16] 张杰,等.运筹学模型与实验[M].北京:中国电力出版社,2011.

[17] 戎笑,等.高职数学建模竞赛培训教程[M].北京:清华大学出版社,2010.

[18] 张国勇.高职应用数学[M].北京:高等教育出版社,2012.